高职高专通信技术专业系列教材

通信技术基础

主　编　张喜云

参　编　殷文珊　李　铮　周小莉

U0377924

西安电子科技大学出版社

内 容 简 介

　　本书主要介绍通信技术的基础理论及其关键技术，主要内容包括通信的基本概念、通信系统的组成和分类、通信系统的主要性能指标、信源编解码技术、复用与复接技术、差错控制技术、基带传输系统及码型变换、频带传输系统及调制与解调技术等内容。每章后都安排了相应的实验操作训练及课后练习。

　　本书体现职业教育的特色，力求做到概念清晰、内容简洁、通俗易懂。本书可作为高职高专院校通信与信息类及相近专业的教材，也可作为相关工程技术人员的参考用书。

图书在版编目(CIP)数据

通信技术基础/张喜云主编. —西安：西安电子科技大学出版社，2018.7(2023.1 重印)
ISBN 978 - 7 - 5606 - 4918 - 4

Ⅰ．① 通… Ⅱ．① 张… Ⅲ．① 通信技术 Ⅳ．① TN91

中国版本图书馆 CIP 数据核字(2018)第 123601 号

策　　划　马乐惠　马　琼
责任编辑　武翠琴　马乐惠
出版发行　西安电子科技大学出版社(西安市太白南路 2 号)
电　　话　(029)88202421　88201467　　邮　编　710071
网　　址　www.xduph.com　　　　电子邮箱　xdupfxb001@163.com
经　　销　新华书店
印刷单位　西安日报社印务中心
版　　次　2018 年 7 月第 1 版　2023 年 1 月第 3 次印刷
开　　本　787 毫米×1092 毫米　1/16　印张　11
字　　数　256 千字
印　　数　5001～6500 册
定　　价　25.00 元
ISBN 978 - 7 - 5606 - 4918 - 4/TN

XDUP　5220001 - 3

前 言

　　本书是以教育部高职高专院校教育的指导思想为依据，以培养应用技术型人才为目标，以"理论知识够用为度，注重实际能力培训，突出基本技能训练"为原则，在总结十多年教学经验的基础上编写而成的。

　　考虑到高职学生的学习基础和能力现状，本书在保持一定的理论分析深度的基础上，尽可能地简化数学分析过程，突出对概念和相关技术的介绍。本书在内容的选取上，力求既能适应当前通信发展的现状，又能很好地跟踪未来通信发展的新动向，使之具有针对性和实用性，尽可能体现现代通信系统中采用的技术、方法和体制。

　　本书共6章，主要内容包括通信的基本概念、通信系统的组成和分类、通信系统的主要性能指标、信源编解码技术、复用与复接技术、差错控制技术、基带传输系统及码型变换、频带传输系统及调制与解调技术等内容。每章后都安排了相应的实验操作，对该章的内容进行训练，突出理论与实际的联系，培养学生解决问题的能力。

　　本书由湖南通信职业技术学院张喜云担任主编并编写第1、2章及附录，殷文珊编写第3章，周小莉编写第4章，李铮编写第5、6章，全书由张喜云统稿。

　　由于编者水平有限，书中不妥之处在所难免，欢迎读者批评指正。

编　者

2018 年 2 月

目 录

第 1 章　通 信 系 统

知识要点

本章主要介绍通信的基本概念、通信系统的组成和分类、通信系统的主要性能指标及实训相关设备。

能力要求

通过本章的学习，应熟练掌握通信系统的组成，掌握模拟通信和数字通信的区别，掌握通信系统的主要性能指标，熟悉通信系统的分类，了解相关设备的组成，熟悉相关操作方法。

1.1　通信的基本概念

人类在生产和社会活动中总是伴随着信息的传递和交换，通常把这种信息的传递和交换过程称为通信。从传统意义上说，通信克服了距离上的障碍，能迅速而准确地实现远距离的信息传输。现阶段，通信已成为现代文明的标志之一，对人们的日常生活和社会活动及发展起着日益重要的作用。

通信的目的是传递和交换信息，那么什么是信息呢？

1. 信息

信息就是对客观事物的反映。从本质上看，信息是对社会、自然界的事物特征、现象、本质及规律的描述。信息所描述的内容通常用信号来表示和传递。

2. 信号

信号是信息的载体，可以在介质中传输。根据信号表现形式不同，常见的信号有语音、符号、文字、数据、图像等。

信号一般可以用表达式来表示，也可以用波形图来表示。描述信号特征的物理参量有幅度、频率、相位、时间等。

按幅度取值不同，信号可以分为模拟信号和数字信号，如图 1-1 所示。

（1）模拟信号的特点是幅度取值随时间连续变化，如图 1-1(a)所示。连续的含义是在某一取值范围内幅度可以取无限个值。

（2）数字信号的特点是幅度取值是离散变化的，如图 1-1(b)所示。离散的含义是幅度取值是有限个值，如二进制数字信号幅度取值只有两个，四进制数字信号幅度取值可以有四个等。

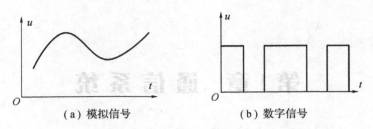

（a）模拟信号　　　　　　　　（b）数字信号

图 1-1　模拟信号和数字信号示例

　　按时间取值不同，信号可以分为连续信号和离散信号。连续信号的特点是时间连续，如图 1-2(a)所示；离散信号的特点是时间断开，如图 1-2(b)所示。

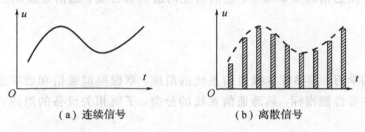

（a）连续信号　　　　　　　　（b）离散信号

图 1-2　连续信号和离散信号示例

1.2　通信系统的组成和分类

1.2.1　通信系统的组成

　　通信是将信息从一端传到另一端，完成通信任务所需要的各种技术设备和传输介质构成的总体称为通信系统。典型的通信系统由信源、变换器、信道、反变换器、信宿等五个基本部分组成，其模型框图如图 1-3 所示。

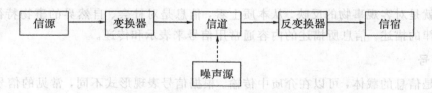

图 1-3　通信系统模型框图

1. 信源

　　信源是指发出信息的信息源，或简单地说是信息的发出者。信源可以是人，也可以是机器。如电话通信时，人发出语音；数据通信时，计算机发出二进制代码。

2. 变换器

　　变换器的功能是把信源发出的信息变换成适合在信道上传输的信号。如电话通信系统中，变换器就是送话器，它把语声信号变成电信号送入双绞铜线中传输；光纤通信中，光发送端机也是变换器，它把电信号变成光信号送到光纤中传输。

3. 信道

信道是指传输信号的通道。目前，信道主要有两种类型：一种是有线信道，如双绞线、同轴电缆、光纤光缆等；另一种是无线信道，如可以传输电磁信号的自由空间等。由于信道的固有特性，信号在信道中传输时会存在衰减，也会产生时延，还会存在各种噪声和干扰。

4. 反变换器

反变换器具有与变换器相反的功能，即从信道中接收信号，并把带有干扰的信号正确恢复，然后转换为信宿能接收的信号格式。

5. 信宿

信宿是指信息传送的终点，也就是信息接收者。

6. 噪声源

噪声源不是一个人为实现的实体，但在实际通信系统中又是客观存在的，它直接影响信号在信道中的传输质量。实际上，从信源到信宿的每个位置可能都存在干扰和噪声，为分析方便，在模型中以集中形式将噪声源加在信道上。

1.2.2 通信系统的分类

通信过程中传输的信息种类繁多，表现形式也多种多样，如声音、图像、文字、数据和符号等。根据信号的特征不同、通信业务的种类不同、传输所用的媒介不同等，可将通信系统分成许多不同的种类，下面从不同的角度讨论通信系统的分类。

1. 按所传业务分类

按所传业务的不同，通信系统可分为电话通信系统、数据通信系统以及图像通信系统等。由于电话通信网最发达、最普及，因此其他消息常常通过公共的电话通信网传送。例如，电报常通过电话信道传送，数据通信在远距离传输数据时也常常利用电话信道传送。在综合业务数据网中，各种类型的消息都在统一的通信网中传送。

2. 按信道中传输的信号类型分类

按信道中传输的信号类型不同，通信系统可分为模拟通信系统和数字通信系统两大类。模拟通信系统是指在信道中传输模拟信号的通信系统，典型的模拟通信系统如传统的模拟电话通信系统，如图 1-4 所示。数字通信系统是指在信道中传输数字信号的通信系统，数字电话通信系统如图 1-5 所示。

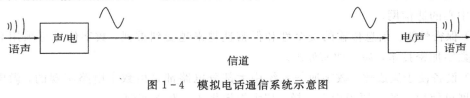

图 1-4　模拟电话通信系统示意图

图 1-5　数字电话通信系统示意图

从图1-4和图1-5中可以看出，数字通信系统与模拟通信系统相比多了模拟信号与数字信号的转换电路，增加该电路后，给数字通信带来了决定性的好处，决定了其发展前景。与模拟通信相比，数字通信有如下优点：

（1）抗干扰能力强，无噪声积累。信号在传输过程中，由于信道不理想，且存在衰减和各种噪声的干扰，会使波形产生失真，出现信号幅度下降、波形变差等现象。

在模拟通信系统中，为保证接收信号有一定幅度，需要及时将传输信号放大，与此同时叠加于信号上的噪声也被放大，如图1-6(a)所示。由于模拟信号是利用信号幅度来携带信息的，因此很难把叠加在幅度上的噪声分开。随着传输距离的增加，噪声积累越来越大，将使传输质量严重恶化。

在数字通信系统中，信号在信道中传输时虽然也会出现衰减，也要叠加噪声，但由于数字信号是以脉冲有无的组合来表示信息（以二进制为例），只要噪声的大小不影响接收端的正确判决，利用再生电路就可以将接收到的信号再生成原发送的信号，如图1-6(b)所示。因此数字通信方式可做到无噪声积累，故可实现长距离、高质量的传输。

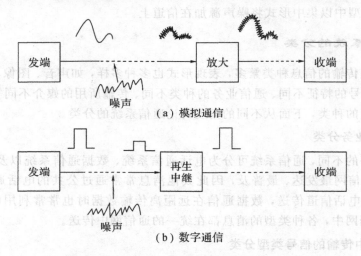

（a）模拟通信

（b）数字通信

图1-6　抗干扰性能比较

（2）可靠性高。数字信号通过差错控制编码，可采用纠错和检错技术提高通信的可靠性。

（3）智能化程度高。因为数字通信传输一般采用二进制码，所以可使用计算机对数字信号进行处理，实现复杂的、远距离、大规模自动控制系统和自动数据处理系统，实现以计算机为中心的通信网。

（4）保密性强。信息传输的安全性和保密性越来越受到重视，数字信号可采用高保密性能的数字加密技术，易于加密处理。

（5）设备便于集成化。数字通信系统中大部分电路都是由数字电路实现的，微电子技术的发展可使数字通信便于用大规模、超大规模集成电路来实现。

数字通信有以下两方面的缺点：

（1）系统设备比较复杂，同步要求较高。数字通信系统及设备一般都比较复杂，要准确地恢复信号，接收端需要严格的同步系统。

（2）占用的频带宽，频带利用率不高。一路数字电话频带一般为64 kHz，而一路模拟电话所占的频带仅为 4 kHz，前者是后者的 16 倍。然而随着光纤通信的飞速发展，带宽已不成问题。

3. 按传输媒介分类

按传输媒介的不同，通信系统可分为有线通信系统和无线通信系统两大类。

有线通信系统中所用的传输媒介主要有两大类：一类是铜线；另一类是光纤。目前，通信中常用的铜线有双绞线和同轴电缆。光纤由于损耗小、容量大、保密性能好、资源丰富等优点逐渐代替铜线而在通信网上广泛应用。

为了使读者对通信中所使用的传输媒介有所了解，下面将常用传输媒介及主要用途列于表 1－1 中，供参考。

表 1－1　常用传输媒介及主要用途

频率范围	波　长	符　号	传输媒介	应　用
3 Hz～30 kHz	$10^8 \sim 10^4$ m	甚低频 VLF	有线线对 长波无线电	音频、电话数据终端 长距离导航、时标
30～300 kHz	$10^4 \sim 10^3$ m	低频 LF	有线线对 长波无线电	导航、信标、电力通信
300 kHz～3 MHz	$10^3 \sim 10^2$ m	中频 MF	同轴电缆 中波无线电	调幅广播、陆地移动通信 业余无线电
3～30 MHz	$10^2 \sim 10$ m	高频 HF	同轴电缆 短波无线电	移动通信、定点军用通信 短波广播、业余无线电
30～300 MHz	10～1 m	甚高频 VHF	同轴电缆 米波无线电	电视、调频广播、导航 空中管制、车辆通信
300 MHz～3 GHz	100～10 cm	特高频 UHF	波导 分米波无线电	空间遥测、雷达导航、电视 点对点通信、移动通信
3～30 GHz	10～1 cm	超高频 SHF	波导 厘米波无线电	微波接力、卫星和空间通信 雷达
30 GHz～1 THz	$1 \sim 3 \times 10^{-4}$ cm	极高频 EHF	波导 毫米波无线电	雷达、微波接力 射电天文学
1～100 THz	$3 \times 10^{-4} \sim 3 \times 10^{-6}$ cm	紫外线 可见光 红外线	光纤 激光空间传播	光通信

4. 按通信方式分类

对于点对点之间的通信，按信息传送的方向与时间的关系，通信方式可分为单工通信、半双工通信及全双工通信三种，对应的通信系统有单工通信系统、半双工通信系统和全双工通信系统。

1）单工通信

在单工通信方式中，信号只能向一个方向传输，任何时候都不能改变信号的传送方向。如图 1－7 所示，信息总是从发送端 A 传输到接收端 B。这种情况与无线电广播相类似，信号只在一个方向上传播,电台发送,收音机接收。

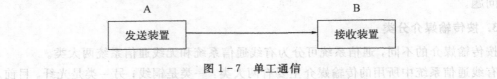

图 1-7 单工通信

2)半双工通信

如图 1-8 所示,在半双工通信方式中,信号可以双向传送,但必须交替进行,一个时间只能向一个方向传送。

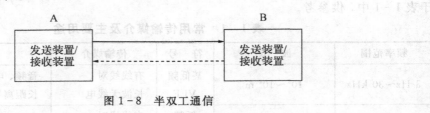

图 1-8 半双工通信

3)全双工通信

全双工能同时在两个方向上进行通信,即有两个信道,如图 1-9 所示,信号同时在两个方向流动,它相当于把两个相反方向的单工通信组合起来。显然,全双工通信效率高,但构建系统的造价也高。

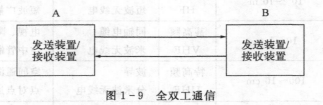

图 1-9 全双工通信

5. 按调制方式分类

按是否采用调制,可将通信系统分为基带传输和频带传输两种。基带传输是将未经调制的信号直接传输,如传统的电话通信等;频带传输是对各种信号进行调制后再传输。一般通信线路在远距离传输时,只适合传输频带信号,不适合传输基带信号,如光纤通信、卫星通信、移动通信、广播等都属于频带传输系统。一个完整的数字频带传输系统框图如图 1-10 所示。

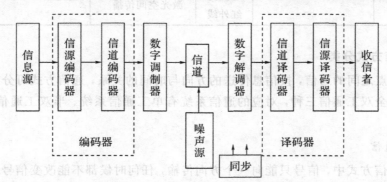

图 1-10 数字频带传输系统框图

1.3 通信系统的主要性能指标

各种通信系统都有各自的技术性能指标，且互不相同。一般衡量任何通信系统的优劣都是以有效性和可靠性为基础的，但这两个指标互相矛盾，通常是在满足一定可靠性指标的前提下，尽量提高通信系统的有效性；或者，在满足一定有效性指标的前提下，使消息传输质量尽可能地提高。

1.3.1 模拟通信系统的主要性能指标

1. 有效性

对于模拟通信来说，信号传输的有效性通常可用有效传输频带来衡量，即在指定信道带宽内允许同时传输的最多通路数。每一路信号的有效带宽与模拟调制方式有关，在相同条件下，每路所占频带越窄，则允许同时传输的通路数就越多。

2. 可靠性

模拟通信系统的可靠性一般用接收端接收设备输出的信噪比来度量，记作 $\dfrac{S}{N}$，且有

$$\left(\frac{S}{N}\right)_{\text{dB}} = 10\ \lg\left(\frac{信号平均功率}{噪声平均功率}\right)$$

在相同条件下，信噪比越大，通信质量越高，可靠性越好。

1.3.2 数字通信系统的主要性能指标

1. 有效性

在数字通信中，有效性可用三个指标来说明，即码元(符号)速率、信息速率和频带利用率。

1) 码元速率 R_{B}

码元速率通常又称为符号速率，指单位时间(每秒钟)内传输的码元数目，单位为波特(Baud)，可简写为 Bd。每个码元都占有均等的时间间隔，这个时间间隔称为码元长度。当码元长度为 T 时，码元速率为

$$R_{\text{B}} = \frac{1}{T}$$

码元可以是二进制，也可以是多进制。

2) 信息速率 R_{b}

信息速率又称为传信率、比特率等，用每秒钟所传输信息量的多少来衡量，单位是比特/秒，或写作 b/s。

信息量是信源发出的每一个消息所包含的信息多少的一种度量，消息的不确定性程度越大，信息量越大，二者之间的关系可表示为

$$I = \text{lb}\frac{1}{p}$$

其中，p 为消息发生的概率；I 为信息量，单位为比特。

对于 M 进制码元，若每一个符号以等概率出现，则每个码元携带的信息量为

$$I = \text{lb}\frac{1}{p} = \text{lb}M$$

因此，对于 M 进制码元，信息速率与码元速率的关系是

$$R_b = R_B \cdot I = R_B \text{lb}M$$

【例 1-1】 一数字通信系统，它每秒传输 1200 个码元。若码元为二进制，则它的信息速率为多少？若码元为四进制，则它的信息速率又是多少？

解 当 $M = 2$ 时，有

$$R_b = R_B \text{lb}M = R_B = 1200 \text{ b/s}$$

当 $M = 4$ 时，有

$$R_b = R_B \text{lb}M = R_B \text{lb}4 = 2R_B = 2400 \text{ b/s}$$

3) 频带利用率

在比较不同通信系统的有效性时，只看它们的传输速率是不够的，还应看在这样的传输速率下所占的信道的频带宽度。通常传输速率越高，所占用的信道频带越宽。因此，能够真正体现出有效性的指标应该是频带利用率，即单位频带内的传输速率，其计算公式为

$$\eta = \frac{\text{码元速率}}{\text{频带宽度}} \quad \text{Bd/Hz}$$

或

$$\eta = \frac{\text{信息速率}}{\text{频带宽度}} \quad (\text{b/s})/\text{Hz}$$

对于二进制码元，信息速率和码元速率的数值相等；对于多进制码元，信息速率的数值大于码元速率的数值，即多进制系统传输的信息速率高。

2. 可靠性

衡量数字通信系统可靠性的主要指标是误码率和信号抖动。

1) 误码率

误码率又称为码元差错率，是指接收端错误接收的码元数与所接收的总码元数之比。更严格地讲，误码率就是码元在系统传输过程中传错的概率。误码率是一个统计平均值，所以这里指的是平均误码率，其计算公式为

$$P_e = \lim_{N \to \infty}\frac{\text{错误接收的码元数 } n}{\text{传输总码元数 } N}$$

误码率的大小由传输系统特性、信道质量及系统噪声等因素决定。如果传输系统特性、信道质量都很好，且噪声较小，则系统的误码率就较低，反之，系统的误码率就会较高。

在一个多中继段的传输链路中，经多次再生中继后的总误码率是以一定方式累积的，近似等于各段误码率之和。

2) 信号抖动

在数字通信系统中，信号抖动是指数字信号相对于标准位置的随机偏移，其示意图如

图 1-11 所示。图中，实线表示接收端标准时钟信号，虚线表示从数字信号中实时提取的时钟信号。信号抖动的定量值也是统计平均值，它同样与传输系统特性、信道质量及噪声等有关。在多中继段链路传输时，信号抖动也具有累积效应。

图 1-11　信号抖动示意图

从可靠性角度而言，误码率和信号抖动都直接反映了通信质量。如在对语音信号进行数字化传输时，误码和抖动都会对数/模转换后的语音质量产生直接影响。

1.3.3　传输信道的容量

信道容量是指信道传输信息的最大能力。在信息论中，称信道无差错传输信息的最大信息速率为信道容量，记为 C，单位是 b/s。信道容量的大小受信道质量和可使用时间的影响，当信道质量较差时，实际传输速率将降低。

1）模拟信道容量

香农（Shannon）定理指出：在信号平均功率受限的高斯白噪声信道中，信道每秒传送的最大可能信息量（即信道容量）C 为

$$C = B\,\mathrm{lb}\left(1 + \frac{S}{N}\right)$$

其中，C 为信道容量，B 为信道带宽，S 为信号功率，N 为噪声功率。

2）数字信道容量

奈奎斯特（Nyquist）准则指出：带宽为 B Hz 的信道，所能传送的信号的最高码元速率为 $2B$ 波特。无噪声数字信道的信道容量 C 可表示为

$$C = 2B\,\mathrm{lb}M$$

其中，M 为码元的进制，B 为信道带宽。

【例 1-2】　若模拟信道带宽为 3000 Hz，信号噪声功率比为 30 dB，求信道容量。

解　因为

$$10\lg\frac{S}{N} = 30$$

所以

$$\frac{S}{N} = 1000$$

因此

$$C = B\,\mathrm{lb}\left(1 + \frac{S}{N}\right) = 3000\mathrm{lb}(1 + 1000) \approx 30 \text{ kb/s}$$

【例 1-3】　数字信道的带宽为 3000 Hz，采用十六进制传输，计算无噪声时该数字信道的容量。

解　　　　　　　$C = 2B\,\mathrm{lb}M = 2 \times 3000 \times \mathrm{lb}16 = 24\ 000 \text{ b/s}$

1.4 实验设备介绍

1.4.1 RZ9681型实验箱概述

RZ9681型现代通信技术实验平台，是为适应当前通信技术的理论教学及实验教学的发展趋势而精心研发的新一代现代通信技术实验平台。该平台不仅具有完成常规实验的功能，还结合了当前教学技术发展的几大趋势，即实验教学的工程化、实验设备的网络化和课堂教学的智能化。RZ9681型实验箱结构如图1-12所示。

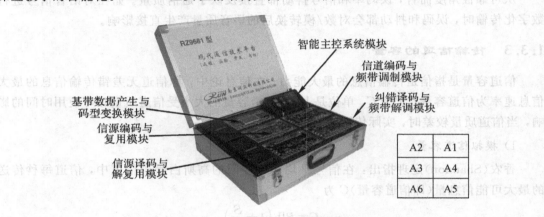

图1-12 RZ9681型实验箱结构

RZ9681型实验箱通常包含以下几个实验模块：
☆ A1——智能主控系统模块
☆ A2——基带数据产生与码型变换模块
☆ A3——信源编码与复用模块
☆ A4——信道编码与频带调制模块
☆ A5——纠错译码与频带解调模块
☆ A6——信源译码与解复用模块

1. 智能主控系统模块

智能主控系统模块主要实现平台的智能管理与人机交互功能，配备了ARM处理器来运行智能操作系统，界面采用7寸彩色液晶显示屏。

实验平台的右外侧预留了主控模块的外部接口，包括网络接口RJ45、电话接口RJ11、USB接口和扩展模块电源接口。其中网络接口可以完成实验平台的联网功能，完成实验的远程操控，完成二次开发软件的在线定点加载及固件的远程升级；电话接口可以连接电话，采集真实的语音数据；USB接口可以外接鼠标；电源接口可输出＋5 V、＋12 V、－12 V三组电源，方便学生外扩实验模块。

主控系统人机交互友好，如图1-13所示，具有设备入门、实验项目、信号源、误码仪、二次开发、实验测评、固件更新、系统设置等功能。

图 1-13 主控系统模块液晶显示

1) 设备入门

设备入门分为四项内容,分别是平台基本操作、平台标识说明、实验注意事项、平台特点概述,如图 1-14 所示。

图 1-14 设备入门

2) 实验项目

实验项目是指实验平台支持的实验课程项目,可以完成的实验内容分为通信原理实验和通信系统实验两大部分,如图 1-15 所示。

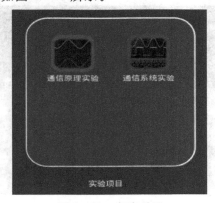

图 1-15 实验项目

通信原理实验细分为八大类，分别是信源编译码实验、信道编译码实验、数字调制解调实验、基带传输实验、信道模拟及特性研究实验、同步技术实验、模拟调制解调实验及信道复用技术实验，如图 1-16(a)所示。单击每个实验分类，可进入详细的实验列表，如图 1-16(b)所示。

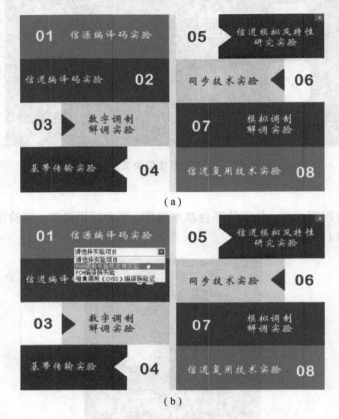

图 1-16　通信原理实验

3）信号源

主控模块内置了双路 DDS 信号源（低频和高频），可以生成各种类型的信号源，如正弦波、方波、三角波、锯齿波、半波、全波、调幅波、调频波、双边带、扫频信号、音乐信号等，如图 1-17 所示。

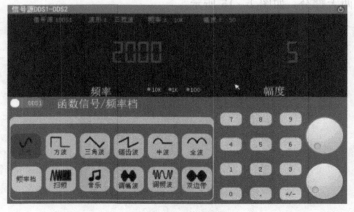

图 1-17　信号源

4）误码仪

RZ9681 内置全功能误码仪，能实时测试基带系统或频带系统的性能及信道纠错编译码的性能。内置误码仪能设置时钟（码速）、码型（码长）、插误码等，可以实时统计测量时间、接收数据、误码数和误码率，如图 1-18 所示。

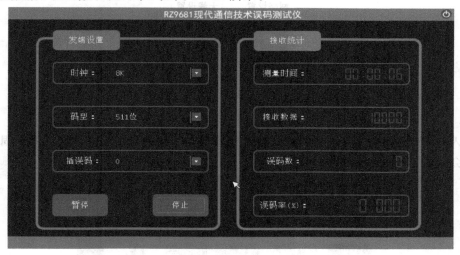

图 1-18　误码仪

在实际使用时，误码仪的操作方法如下：

（1）将测试信道调整好（用示波器判断），然后接入误码仪；2P1 输出误码测试数据，2P3 输出测试数据时钟，2P8 接收误码测试数据。

（2）选测试时钟、码型、插误码。

（3）按下"暂停/继续"按钮，不清右侧统计数。

（4）按下"停止/测试"按钮，清右侧统计数。

5）二次开发

实验平台支持实验的二次开发，二次开发软件可通过网络在线下载到指定的 FPGA 芯片中，运行调试二次开发程序可观察是否实现了相应的功能。二次开发软件在线下载不会对实验箱的出厂程序产生覆盖影响，二次开发程序掉电不保存。

6）实验测评

在学生实验过程中，教师可以无线接入并控制实验平台实验，人为改变实验系统参数（速率、码型、编码方式、调制方式、载频等），完成对学生实验课程的考核测评。

7）固件更新

实验平台系统支持远程固件升级，实验设备的系统平台程序及实验程序升级可以在远程网络中完成，学校只需将实验箱接入网络，设备方即可通过网络远程升级固件，方便学校及时获得更新的实验。

8）系统设置

系统设置如图 1-19 所示，包括了网络设置、无线设置、系统模块和关于四个部分，可以对平台系统的一些硬件进行管理控制，如实验系统网络的 IP 地址管理、无线 WiFi 网络管理、实验模块的状态监测和复位、实验系统的还原初始保护等。

图 1-19 系统设置

进入"网络设置"功能，可以查看和修改当前实验系统网络 IP，在二次开发和固件升级过程中会用到，如图 1-20 所示。

提示：滚动鼠标滑轮可快速调整参数值

图 1-20 网络设置

进入"系统模块"功能，可以查看当前实验模块的工作状态以及模块电源的控制管理，如图 1-21 所示。

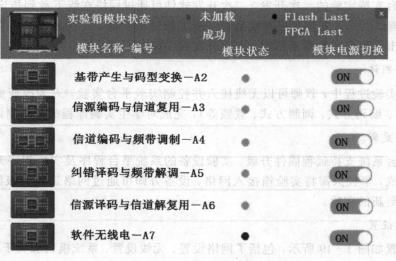

图 1-21 系统模块

2. 基带数据产生与码型变换模块

基带数据产生与码型变换模块的位置为 A2，它的功能是基于 M3 和 FPGA 实现的，通过配置可以产生各种速率的伪随机序列（M 序列）、16 bit 设置数据、相对码/绝对码等，并且可以完成各种对应的码型变换（单极性不归零、双极性归零、密勒码等）和线路编译码（CMI、AMI、HDB3 等）。

误码测试时，模块作为误码信号处理器，产生各种速率、码型的测试码，在对接收码进行比较后将误码信息发主控模块显示。

模块同时具备白噪声产生功能，噪声电平能通过模块的编码开关调节。

3. 信源编码与复用模块

信源编码与复用模块的位置为 A3，主要用于完成常用的 PAM、PCM、CVSD 等几种信源的编码。该模块标配 3.2 寸 TFT 液晶显示屏，能展示信源编码带限、抽样、量化、编码的过程，有利于学生理解信源编码的原理。该模块的功能主要是基于 FPGA 和 M4 处理器完成的，信源编码的原理实验由 M4 完成，时分复用和码分复用时所需的信源数据由 FPGA 编码完成，FPGA 同时完成时分码分复用。该模块既能完成各种信源编码实验又能二次开发，可完成的实验包括以下几类：

（1）PAM 调制及抽样定理，包括自然抽样和平顶抽样、抽样恢复等；

（2）PCM 编译码、增量调制编译码等编码原理解析；

（3）时分复用、码分复用、扩频通信等；

（4）上述实验的二次开发实验。

4. 信源译码与解复用模块

信源译码与解复用模块的位置为 A6，该模块在实验时和信源编码与复用模块为相关联的模块，很多实验需要两者配合完成，如编码和对应的译码实验、复用和对应的解复用实验等。信源译码与解复用模块的功能是基于 M4 和 FPGA 实现的，主要完成 PAM、PCM、CVSD 译码，位同步和帧同步及时分码分解复用等。该模块可以完成以下几类实验内容：

（1）抽样恢复滤波器；

（2）系统实验时的 PCM 译码、CVSD 译码；

（3）时分解复用、码分解复用、解扩；

（4）上述实验的二次开发实验。

5. 信道编码与频带调制模块

信道编码与频带调制模块的位置为 A4，可以完成多种类型的信道纠错编码实验和频带调制实验，主要功能均在 FPGA 中实现，模块内置 2 个高速 DA 芯片，经过结合实现各种调制和仿真信道。该模块可以完成以下几类实验内容：

（1）汉明编码、卷积编码、循环编码、交织编码等；

（2）ASK、FSK、PSK、QPSK、OQPSK、DQPSK、QAM、GMSK、OFDM 调制等；

（3）噪声信道模拟、多径信道模拟、衰落信道模拟等；

（4）基带成型；

（5）上述实验的二次开发实验。

6. 纠错译码与频带解调模块

纠错译码与频带解调模块的位置为 A5，该模块在实验时和信道编码与频带调制模块为相关联的模块，很多实验需要两者配合完成，如信道编码和对应的信道纠错译码实验、调制与对应的解调实验等。该模块的信道纠错译码主要由 FPGA 完成，二进制解调由小规模分立器件组成的相干解调电路完成。该模块可以完成以下几类实验内容：

(1) 汉明译码、卷积译码、循环译码、解交织等；

(2) ASK、FSK、PSK、DPSK 解调等；

(3) 眼图观测；

(4) 抽样判决；

(5) 上述实验的二次开发实验。

1.4.2 RZ9681 型实验箱的操作步骤

在使用实验箱进行实验时，要按照标准的规范进行实验操作，一般的实验流程包含以下几个步骤：

(1) 将实验台面整理干净，使之保持整洁，设备摆放到对应的位置开始进行实验；

(2) 打开实验箱箱盖，或取下箱盖放置到合适的位置；

(3) 简单检查实验箱是否有明显的损坏；

(4) 为实验箱加电，并开启电源；

(5) 实验箱开启过程需要大约 30 s 时间，开启后可以开始进行实验；

(6) 实验内容的选择需用鼠标操作；

(7) 在实验过程中，可以打开置物槽，选择对应的配件辅助完成实验；

(8) 实验完成后，关闭电源，整理实验配件并放置到置物槽中；

(9) 盖上箱盖，将实验箱还原到位。

1.4.3 RZ9681 型实验箱的使用注意事项

在使用实验箱进行实验时，需注意如下事项：

(1) 为实验箱加电前，要简单检查一下实验箱是否有明显的损坏现象，如有损坏，需告知老师，以便判断是否可以进行正常实验；开启电源过程中，需要注意观察实验箱右上角的电源指示灯是否正常显示，如果指示灯闪烁，请立即关闭实验箱，并检查故障原因。

(2) 实验箱盖子翻开后，可以取下。但是，取下和安装时，都需要注意后端的卡轴是否完全卡好。在没有完全卡好卡轴的情况下关闭实验箱，会对卡轴造成损坏。另外，每台实验箱的盖子和箱体编号是对应的(箱体和盖子后端均有编号)，若不对应则无法安装，因此实验时应妥善保管实验箱盖子，以防弄混。

(3) 实验模块更换时，需要小心轻拿轻放，确认模块完全放置妥当后，再下压有机玻璃盖子，防止损坏电路板和对应槽位。

(4) 实验箱上参数可调的元器件，如电位器、拨码开关、轻触开关等，要小心使用，尽量避免用力过大，造成元器件损坏。以上元器件为磨损器件，在使用时应掌握使用技巧，请不要频繁按动或旋转。

1.5　操作训练

1.5.1　信号源的使用

操作所需设备有 RZ9681 实验平台、主控模块、100M 双通道示波器。

通过操作训练，了解 DDS 信号源的工作原理，掌握 DDS 信号源的使用方法，理解 DDS 信号源各种输出信号的特性，配合示波器完成系统测试。

1. DDS 信号产生原理

DDS(Direct Digital Frequency Synthesizer，直接数字频率合成器)是一种全数字化的频率合成器，由相位累加器、波形存储器、D/A 转换器和低通滤波器构成，如图 1-22 所示。时钟频率给定后，输出信号的频率取决于频率控制字，频率分辨率取决于累加器位数，相位分辨率取决于 ROM 的地址线位数，幅度量化噪声取决于 ROM 的数据位字长和 D/A 转换器的位数。

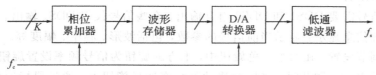

图 1-22　DDS 信号源产生原理

2. DDS 信号操作设置

主控模块可以提供两路 DDS 信号源(低频和高频)，可以生成各种类型的信号，提供可调的频率、幅度。信号源可以单独设置使用，也可在实验时结合实验内容进行操作设置。

下面主要了解两路 DDS 信号源的使用方法。打开实验箱电源，等待系统启动，启动完成后，选择"DDS 信号源"功能，进入信号源操作设置页面，如图 1-23 所示。

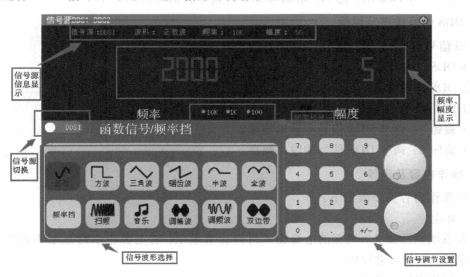

图 1-23　DDS 信号源操作设置界面

在信号源操作设置页面上，标注了各个区域的基本功能，下面对每个功能作简单的介绍。

（1）信号源切换：单击切换，选择当前设置为 DDS1 或 DDS2 输出类型。

（2）信号波形选择：单击选择当前 DDS 信号的输出类型。DDS 信号源可以输出以下类型：

☆ 正弦波

☆ 方波

☆ 三角波

☆ 锯齿波

☆ 半波

☆ 全波

☆ 扫频信号

☆ 音乐信号（仅 DDS1）

☆ 调幅波（组合）

☆ 调频波（组合）

☆ 双边带（组合）

注：有些信号需要 DDS1 和 DDS2 组合输出，有些信号仅仅 DDS1 输出。

（3）信号源信息显示：显示当前信号的参数，包括波形、频率、幅度等。

（4）信号调节设置：在两个白色旋钮中，上方的旋钮为信号频率设置旋钮，结合频率挡位可以调节信号频率。调节时，将鼠标移动到频率选择旋钮上，通过鼠标滚轮上下滚动调节频率。信号频率也可以通过主控模块上的旋钮 1 进行调节。下方的旋钮为幅度设置旋钮，用于设置信号的幅度。调节时，将鼠标移动到幅度选择旋钮上，通过鼠标滚轮上下滚动调节幅度。信号幅度也可以通过主控模块上的旋钮 2 进行调节。

（5）频率挡显示：鼠标单击"频率设置"旋钮，可以切换频率的调节挡位，挡位在 10 k/1 k/100 Hz 间切换。

（6）频率、幅度显示：记录当前信号源下的频率和幅度值。

3. DDS 信号输出及说明

DDS 信号源通过主控模块的铆孔输出，下面对各个铆孔的功能进行说明。

（1）DDS1：输出 DDS1 的设置信号；

（2）DDS2：输出 DDS2 的设置信号；

（3）P01：抽样脉冲信号输出，可调节频率和占空比；

（4）旋钮 1：调节 DDS 信号的输出频率；

（5）旋钮 2：调节 DDS 信号的输出幅度。

4. 操作内容及步骤

实验操作内容及步骤如下：

（1）加电。

打开系统电源开关，底板的电源指示灯应正常显示。若电源指示灯显示不正常，请立即关闭电源，查找异常原因。

（2）调节信号输出类型。

通过 DDS 信号源设置界面，调节 DDS1 的输出类型，使其分别输出正弦波、三角波、方波、扫频信号、调幅信号、双边带信号、调频信号等。

（3）调节信号频率。

旋转复合式按键旋钮"频率"，在"抽样""正弦波""三角波""方波"等输出状态时，可步进式调节输出信号的频率，顺时针旋转频率每步增加 100 Hz，逆时针旋转频率每步减小 100 Hz。

在其他 DDS 信号源输出状态时，旋转复合式按键旋钮 SS01 无操作。

（4）调节输出信号幅度。

调节调幅旋钮 W01，可改变 DDS1、DDS2 输出各种信号的幅度。

（5）用示波器观察 DDS 信号源产生的信号，并记录波形。

在此基础上，完成下面的实验任务：

（1）DDS1 输出频率为 2 kHz 的正弦波，调节 U_{pp}（峰峰值）为 2 V，P01 输出频率为 8 kHz 的抽样信号；

（2）DDS1 输出频率为 4 kHz 的三角波，调节 U_{pp}（峰峰值）为 3 V，P01 输出频率为 12 kHz 的抽样信号；

（3）DDS1 输出频率为 6.8 kHz 的方波，调节 U_{pp}（峰峰值）为 2.5 V；

（4）DDS1 输出扫频信号；

（5）DDS1 输出调幅信号；

（6）DDS1 输出双边带信号；

（7）DDS1 输出调频信号；

（8）P01 输出 12 kHz 的抽样信号。

备注：

（1）对于调幅、双边带、调频信号，载波频率固定为 20 kHz，内部产生调制信号频率固定为 2 kHz，"调制输入"的调制信号频率由外部输入信号决定。

（2）扫频信号的扫频范围是 300 Hz～50 kHz。

1.5.2 用户电话接口的使用

操作所需设备有 RZ9681 实验平台、主控模块、100M 双通道示波器、一部电话机。

RZ9681 实验平台主控模块提供用户模拟电话接口，如图 1-24 所示。实验箱右侧面板的电话接口是 RJ11 水晶头接口，主控模块实现电话的二四线转换功能，用户电话的话音经处理后，发话音从 P02 输出，收话音从 P03 输入。

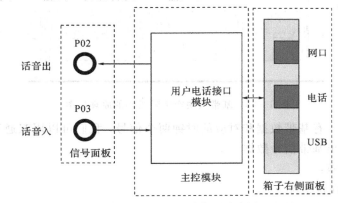

图 1-24　用户电话接口示意图

通过操作训练，了解语音信号的特点。

实训内容及步骤：

(1) 加电。

打开系统电源开关，各模块电源指示灯应正常显示。若电源指示灯显示不正常，请立即关闭电源，查找异常原因。

(2) 测试电话接口发送信号。

将电话单机插入 RJ11 接口，对着单机送话器说话或按住某个数字键不放，用示波器测试用户电话发端（P02 输出铆孔）波形。记录电话数字键波形，观测电话拨号的双音多频信号。

(3) 测试电话接口接收信号。

用信号连接线连接 DDS1 与 P03 铆孔，将 DDS 信号送入用户电话的接收端，调节信号输出为正弦信号，并调节信号的频率和幅度，听单机受话器输出的声音。

1.5.3　数字基带信号的产生

操作所需设备有 RZ9681 实验平台、基带数据产生与码型变换模块、100M 双通道示波器。

RZ9681 实验平台中所有基带信号均由"基带数据产生与码型变换模块"产生，该模块通过系统总线和主控模块通信，学生用鼠标在液晶界面上选择基带信号的类型（PN 码码型、设置数据）、基带速率，确认后所选基带信号即从模块的相应接口输出。基带模块产生伪随机码的原理如图 1-25 所示。

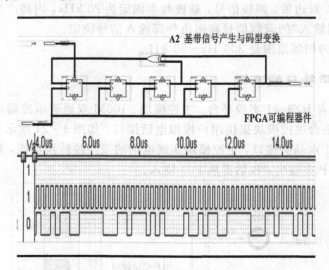

图 1-25　基带模块产生随机码的原理框图

一个基带信号需有基带数据和对应的时钟两个信号，我们可以用双通道示波器同时观测这两个信号来读出基带信号数据。

实训内容及步骤：

(1) 确认模块在位情况。

确认基带数据产生与码型变换模块（即 A2 模块）在实验平台左上角位置。

（2）加电。

打开系统电源开关，A2 模块右上角红色电源指示灯亮，几秒后 A2 模块左上角绿色运行指示灯开始闪烁，说明模块工作正常。若两个指示灯工作不正常，需关电查找原因。

（3）设置基带数据。

用鼠标在液晶显示界面上选择"基带传输实验"中的"码型变换"，单击"基带设置"完成基带数据设置，如图 1-26 所示。

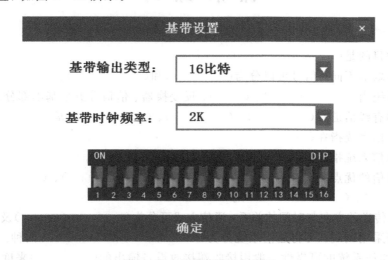

图 1-26 基带信号选择界面

① 基带输出类型：15 位、31 位、511 位随机码和 16 比特设置数据。

② 基带时钟频率：从 2 kHz 到 1024 kHz 可选。

③ 码型与码速选择完成后，需按"设置"按钮确认。

（4）测量基带数据。

① 设置并测试：设置码型为码长 31 位、速率 128 kb/s 的随机码。示波器一个通道测 2P2 基带时钟，并用作同步；另一个通道测 2P1 基带数据。

② 设置并测试：码型为 16 位开关量，速率为 32 kb/s。

③ 记录本模块产生的时钟和伪随机码序列，画出测试的波形图。

本 章 小 结

本章主要介绍通信的基本知识，包括通信的基本概念、通信系统的组成和分类、通信系统的主要性能指标以及信道容量等。

通信是指迅速而准确地进行信息的传递与交换的过程。

通信系统由信源、变换器、信道、反变换器及信宿等部分构成。另外通信系统中还存在噪声，噪声源并不是人为实现的实体，但在实际通信系统中又是客观存在的。

数字信号与模拟信号的主要区别在于幅度的取值是离散的还是连续的。幅度取值离散的为数字信号，幅度取值连续的为模拟信号。

信道中传输模拟信号的系统就是模拟通信系统，信道中传输数字信号的系统就是数字通信系统。数字通信系统与模拟通信系统相比，最主要的优点是抗干扰能力强，无噪声积累，但有误码积累。

衡量数字通信系统的主要性能指标有两个：有效性和可靠性。有效性指标主要有信息速率、码元速率和频带利用率；可靠性指标主要有误码率和信号抖动。

课 后 练 习

一、填空

1. 通信的目的是（　　　　　　）。

2. 按幅度取值不同，信号可以分为（　　　　　）和（　　　　　）。

3. 通信系统由（　　　）、（　　　）、（　　　）、反变换器、信宿等五个基本部分组成。

4. 常见的有线信道有（　　　）、（　　　）、（　　　）等。

5. 模拟通信系统指在（　　　　　　　　　　　　）。

6. 数字通信系统指在（　　　　　　　　　　　　）。

7. 数字通信的优点有（　　　　　　）、（　　　　　　）、（　　　　　　）、（　　　　　）、（　　　　　　）。

8. 按信息传送的方向与时间的关系，通信方式可分为（　　　　）、（　　　　）及（　　　　）。

9. 按是否采用调制，可将通信系统分为（　　　　）和（　　　　）两种。

10. 模拟通信系统的可靠性一般用接收端接收设备输出的（　　　　）来度量。

11. 在数字通信中，有效性可用（　　　）、（　　　）、（　　　）三个指标来说明。

二、选择

1. 数字信号的特点是（　　）。

A. 幅度离散　　　　B. 幅度连续　　　　C. 时间离散　　　　D. 时间连续

2. 模拟信号的特点是（　　）。

A. 幅度离散　　　　B. 幅度连续　　　　C. 时间离散　　　　D. 时间连续

3. 下列属于单工通信的方式有（　　）。

A. 对讲机　　　　B. 手机　　　　C. 收音机　　　　D. 固定电话

4. 下列属于全双工通信的方式有（　　）。

A. 对讲机　　　　B. 手机　　　　C. 收音机　　　　D. 传统电视

5. 数字通信相对于模拟通信具有（　　）的优点。

A. 占用频带小　　　　　　　　　　B. 抗干扰能力强

C. 传输容量大　　　　　　　　　　D. 无误码积累

6. 在数字通信系统中，传输速率属于通信系统性能指标中的（　　）指标。

A. 有效性　　　　B. 可靠性　　　　C. 适应性　　　　D. 标准性

7. 以下属于码元速率单位的是（　　）。

A. 波特　　　　B. 比特　　　　C. 波特/秒　　　　D. 比特/秒

8. 码元速率 R_B 和信息速率 R_b 的关系为（　　）。

A. $R_B > R_b$　　B. $R_B < R_b$　　C. $R_B \geqslant R_b$　　D. $R_B \leqslant R_b$

22

9. 当码元长度为 1 ms 时,码元速率为( )波特。

A. 1   B. 10   C. 100   D. 1000

10. 一个二进制数字信号,一分钟传送 18 000 bit 的信息量,码元速率为( )波特。

A. 300   B. 3000   C. 12 000   D. 18 000

11. 四进制码元速率为 4800 Bd,信息速率为( )b/s。

A. 19 200   B. 9600   C. 2400   D. 1200

12. 某信息以 2 Mb/s 的信号速率通过有噪声的信道传送,若在接收端检出的错误情况为平均每小时出错 144 bit,则系统误码率为( )。

A. 2×10^{-8} B. 1.2×10^{-6} C. 7.2×10^{-5} D. 72

13. 设数字信道的带宽为 3000 Hz,采用八进制传输,无噪声时该数字信道的通信容量为( )b/s。

A. 24 000   B. 18 000   C. 12 000   D. 9000

14. 在模拟通信系统中,信噪比属于通信系统性能指标中的( )指标。

A. 可靠性   B. 有效性   C. 适应性   D. 标准性

第2章 信源编解码

★ **知识要点**

本章主要介绍模拟信号数字化的相关技术和原理，包括抽样定理、量化方法、脉冲编码调制(PCM)、差值脉冲编码调制(DPCM)、自适应差值脉冲编码调制(ADPCM)、增量调制(ΔM 或 DM)等内容。

★ **能力要求**

通过本章的学习，应能理解抽样定理的内容，掌握抽样定理的运用，熟悉量化的方法及特点，掌握 PCM 的编码原理及具体应用。

在现实中，信源通常都是模拟信号(如语音、图像等常见信息源)，为了对信息进行有效的处理和传输，首先应将模拟信号数字化，变为数字信号后再在信道中传输。这个数字化的过程就是信源编码的过程。接收端只要再进行与发送端相反的信源译码过程，就可以恢复出发送端传输的原始信号。常见的信源编码方法有脉冲编码调制(PCM)、差值脉冲编码调制(DPCM)、自适应差值脉冲编码调制(ADPCM)、增量调制(ΔM 或 DM)等，下面将一一加以介绍。

2.1　脉冲编码调制(PCM)

2.1.1　PCM 系统原理

脉冲编码调制(PCM)是实现模拟信号数字化的一种方式，原理如图 2-1 所示。

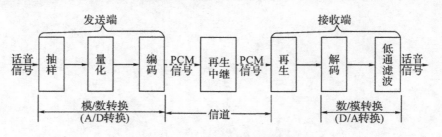

图 2-1　PCM 系统原理图

发送端完成模/数转换(A/D 转换)，即信源编码，它包括抽样、量化、编码等主要部分，在一般情况下，量化和编码是同时完成的。

抽样是将模拟信号在时间上进行离散化的过程，即把模拟信号用时间域上离散时间点的振幅值来表示，抽样后的信号幅度取值还是无限个，所以还是模拟信号。量化是将模拟信号在幅度上进行离散化的过程，即把取值连续的样值用离散的幅度值来近似表示。编码是将每个量化后的样值转换为抗干扰能力强的二进制数字信号。

接收端完成与发送端相反的工作，即进行数/模转换（D/A 转换）。主要步骤是解码和低通滤波。解码是把接收到的数字信号还原为样值脉冲。低通滤波是去除样值脉冲中的高频分量，将样值信号还原为模拟信号。

连接发送端和接收端，实现信号传送的部分称为传输系统，包括传输媒介和相应的信号处理电路。数字信号在信道中传输时，由于信道特性不理想、周围环境干扰、电子设备性能变化及信道间的相互干扰等因素的影响，信号会产生幅度下降和波形展宽等失真现象，而且失真现象会随着距离的增加而越来越严重，最终会产生误码，影响通信质量。为了提高通信质量，减小失真的影响，并延长通信距离，可在 PCM 系统中每隔一定距离增设一台再生中继器，使信号得到放大再生。同样，为了减小最后一段信道对传输信号的影响，接收端首先也要对接收到的信号进行再生后再解码还原。

2.1.2　抽样

1. 抽样的概念

抽样是在时间上对模拟信号进行离散化处理，即将时间上连续的信号处理成时间上离散的信号，这一过程称为抽样。

2. 抽样的实现

实现抽样的电路称为抽样门，抽样门模型及抽样过程实现示意图如图 2-2 所示。

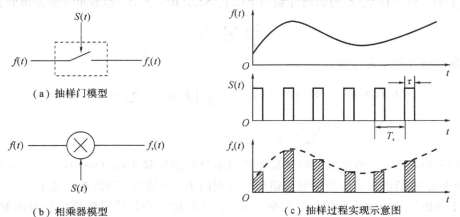

图 2-2　抽样门模型及抽样过程实现示意图

图中 $S(t)$ 称为抽样脉冲，是周期性矩形脉冲序列，控制开关动作。

当 $S(t)=1$ 时，开关闭合，输出 $f_s(t)=f(t)$；当 $S(t)=0$ 时，开关断开，输出 $f_s(t)=0$。抽样门电路也可表示为一个相乘器模型，如图 2-2(b) 所示，且有

$$f_s(t)=f(t)\times S(t) \tag{2-1}$$

3. 抽样的分类

按抽样脉冲及处理方式不同，抽样分为三种形式：理想抽样、自然抽样和平顶抽样。

当抽样脉冲宽度 $\tau \to 0$ 时，矩形脉冲序列就变成了冲激脉冲序列，此时的抽样称为理想抽样。理想抽样很难实现，一般用自然抽样取代。

自然抽样可以看作曲顶抽样，在抽样脉冲的时间内，抽样信号的"顶部"变化是随 $m(t)$ 变化的，即在顶部保持了 $m(t)$ 变化的规律。

而对于平顶抽样，在每个抽样脉冲时间里，其"顶部"形状为平的。自然抽样和平顶抽样如图 2-3 所示。

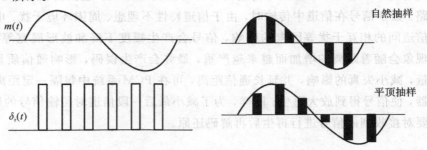

图 2-3 自然抽样和平顶抽样比较

4. 样值信号频谱分析

下面用理想抽样分析样值信号的频谱包含哪些成分，看看能否用离散信号代替连续信号。

冲激脉冲序列函数可表示为

$$S(t) = \sum_{n=-\infty}^{\infty} \delta(t - nT_s) \tag{2-2}$$

设 $f(t)$、$S(t)$ 和 $f_s(t)$ 的频谱分别为 $F(\omega)$、$S(\omega)$ 和 $F_s(\omega)$，由傅里叶变换可知：

$$S(\omega) = \frac{2\pi}{T_s} \sum_{n=-\infty}^{\infty} \delta(\omega - n\omega_s) \tag{2-3}$$

根据频域卷积定理可知：

$$F_s(\omega) = \frac{1}{2\pi} \left[F(\omega) * S(\omega) \right] = \frac{1}{T_s} \left[F(\omega) * \sum_{n=-\infty}^{\infty} \delta(\omega - n\omega_s) \right] \tag{2-4}$$
$$= \frac{1}{T_s} \sum_{n=-\infty}^{\infty} F(\omega - n\omega_s)$$

式(2-4)表明：样值信号的频谱是原模拟信号频谱平移 $\pm n\omega_s$（$n=0，1，2，\cdots$）后的总和，即样值信号频谱包含原始信号频谱和一系列的上、下边带，频谱被展宽了。

由于样值信号中包含原始信号频率成分，若我们能从样值信号频谱中分离出原来的信号成分，就可以用离散信号代替原来的连续信号。为了能从离散的抽样序列中不失真地恢复出原来的模拟信号，要求原始信号频带和各上、下边带不发生重叠，在接收端用滤波器就可取出原信号成分。

模拟信号抽样过程及频谱如图 2-4 所示。从图 2-4 可看出，只要 $\omega_s - \omega_H \geqslant \omega_H$，原始信号与 1 次下边带就不会重叠，那么我们用截止频率在 $\omega_H \sim \omega_s - \omega_H$ 范围内的低通滤波器就可以把原信号频率成分从样值信号频谱中分离出来。

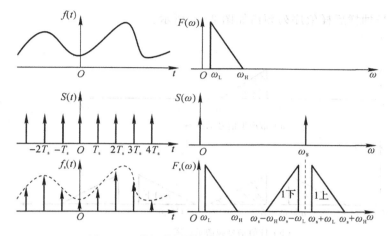

图 2-4 模拟信号抽样过程及频谱示意图

对于不同的信号,我们该如何选择合适的抽样频率呢?著名的奈奎斯特抽样定理解决了这个问题,奈奎斯特抽样定理成为模拟信号数字传输的理论基础。

5. 抽样定理

根据模拟信号是低通型信号还是带通型信号,抽样定理可分为低通型抽样定理和带通型抽样定理。

设信号最低频率为 f_L,最高频率为 f_H,则带宽为 $B=f_H-f_L$。当 $f_L<B$ 时,该信号称为低通型信号;当 $f_L\geqslant B$ 时,该信号称为带通型信号。

1) 低通型抽样定理

低通型抽样定理在时域上可以表述为:对于一个最高截止频率为 f_H 的低通型模拟信号 $f(t)$,如果用时间间隔为 $T_s\leqslant\dfrac{1}{2f_H}$ 的开关信号对其进行抽样,则 $f(t)$ 就可被所得到的样值信号来唯一地表示。或者说,要从样值序列无失真地恢复原时间连续信号,其抽样频率应选为 $f_s\geqslant2f_H$。

理论上,理想的抽样频率为信号最高频率的 2 倍,但在实际工程中,限带信号不会严格限带,而且滤波器特性也并不理想,所以抽样时要留有一定带宽的防卫带。通常抽样频率取 $(2.5\sim5)f_H$,以避免失真。

抽样频率并不是越高越好,如果抽样频率太高,就会降低信道的利用率,相应的技术设备就会变得更复杂,因此只要能满足抽样定理,并留有一定的频率防卫带即可。

例如,话音信号的频率限制在 $300\sim3400$ Hz 左右,取 $2f_H=6800$ Hz,为了留有一定的防卫带,实际抽样频率通常取 8000 Hz(CCITT 建议取 8000 Hz),也就是说留出 1200 Hz 作为滤波器的防卫带。

2) 带通型抽样定理

对于带通型信号,抽样频率 f_s 如仍按 $f_s\geqslant2f_H$ 选取,虽然仍能满足样值序列频谱不产生频谱重叠的要求,但所选取的抽样频率太高,将会降低信道传输效率,从提高传输效率考虑应尽量降低抽样频率。

对于最高截止频率为 f_H、最低截止频率为 f_L 的带通型信号,适当降低 f_s 取值,使抽样后产生的 n 次下边带移至 $0\sim f_L$ 区域内,只要满足抽样后的样值序列频谱不产生重叠即可。

带通型信号抽样后样值序列频谱如图 2-5 所示。

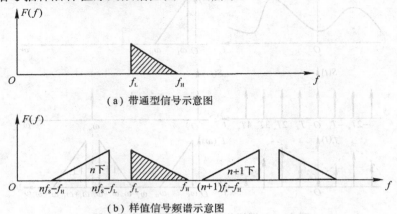

（a）带通型信号示意图

（b）样值信号频谱示意图

图 2-5　带通型信号抽样

抽样频率的选取应满足下述条件：

（1）$nf_s - f_L \leqslant f_L$，即

$$f_{s(上限)} \leqslant \frac{2f_L}{n} \tag{2-5}$$

（2）$(n+1)f_s - f_H \geqslant f_H$，即

$$f_{s(下限)} \geqslant \frac{2f_H}{n+1} \tag{2-6}$$

故

$$\frac{2f_H}{n+1} \leqslant f_s \leqslant \frac{2f_L}{n}$$

其中，n 为 f_L/B 的最大整数。

为了保证原始信号与其相邻的边带间隔相等，f_s 一般取值为

$$f_s = \frac{2}{2n+1}(f_L + f_H) \tag{2-7}$$

【例 2-1】　载波电话 60 路超群信号的频带范围是 312～552 kHz，试求抽样频率范围及一般取值。

解　信号带宽为

$$B = f_H - f_L = 552 - 312 = 240 \text{ kHz}$$

$$f_L/B = 312/240$$

故 n 取整数为 1。

抽样频率范围为

$$\frac{2f_H}{n+1} \leqslant f_s \leqslant \frac{2f_L}{n}$$

即

$$\frac{2 \times 552}{1+1} \leqslant f_s \leqslant \frac{2 \times 312}{1}$$

$$552 \text{ kHz} \leqslant f_s \leqslant 624 \text{ kHz}$$

一般取值为

$$f_s = \frac{2}{2n+1}(f_L + f_H) = \frac{2}{2 \times 1 + 1}(312 + 552) = 576 \text{ kHz}$$

2.1.3 量化

1. 量化的概念

量化是模拟信号数字化的重要步骤，就是把信号在幅度域上连续取值变为幅度域上离散取值的过程。

抽样后的信号是脉冲幅度调制信号（PAM），该信号在时间域上是离散的，但在幅度域上取值仍然是连续的，所以还是模拟信号，无法用有限位数的二进制码组表示，因此还需要对该模拟信号的幅度进行离散化处理，即量化。

2. 量化的过程

第一步，先确定信号的最大范围（$-U\sim+U$），区间内称为量化区，区间外称为过载区。

第二步，在量化区内将幅度划分为若干间隔，该间隔称为量化间隔，所划分的间隔数叫量化级数。按量化间隔划分不同，量化可分为均匀量化和非均匀量化两种方式。

第三步，将落在每一量化间隔内的信号用一个特殊的值来表示，这个特殊的值叫量化值，一般可取量化间隔的最大值或最小值，也可取中间值。

量化实质上是一个近似表示的过程，即将无限个数值的模拟信号用有限个数值的离散信号近似表示。这一近似表示的过程一定会产生误差，称为量化误差。量化示意图如图 2-6 所示。

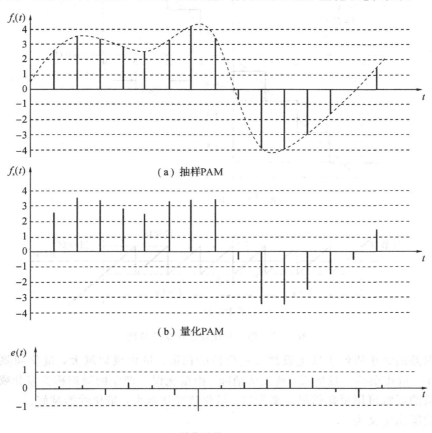

（a）抽样 PAM

（b）量化 PAM

（c）量化误差

图 2-6 量化示意图

3. 均匀量化

均匀量化也称为线性量化，是指在量化区间内量化间隔大小相等。均匀量化的输出 $u_o(t)$ 与输入 $u_i(t)$ 之间的关系是一个均匀的阶梯关系，如图 2-7(a) 所示。

量化误差等于量化后的样值与原始值的差。对于不同的输入范围，量化误差显示出两种不同的特性，如图 2-7(b) 所示。

(1) 在量化区，量化误差的绝对值 $|e(t)| \leqslant \dfrac{\Delta}{2}$。

(2) 在过载区，量化输出不随输入信号的变化而变化，而是保持在最大量化值上不变，量化误差 $|e(t)| > \dfrac{\Delta}{2}$。过载区的误差特性是线性增长的，因而过载误差比量化误差大，对重建信号有很坏的影响。在设计量化器时，应考虑输入信号的幅度范围，使信号幅度不进入过载区，或者只能以极小的概率进入过载区。

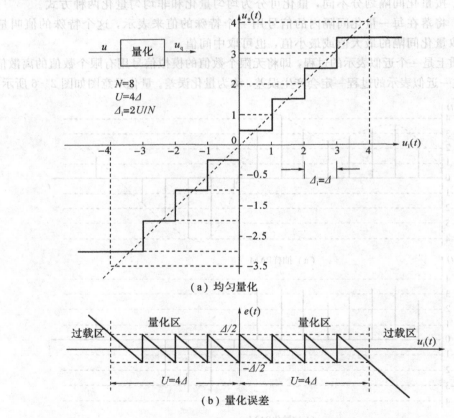

（a）均匀量化

（b）量化误差

图 2-7 均匀量化及量化误差特性

量化误差的大小依赖于量化级数及量化值的选取，量化级数越大，量化间隔越小，量化误差越小。量化误差一旦形成，就无法消除。由量化误差产生的噪声称为量化噪声，量化噪声对通信的影响可用量化信噪比来衡量。量化信噪比越大，量化性能越好。

量化信噪比定义为

$$\frac{S}{N_q} = \frac{信号功率}{量化噪声功率}$$

下面分析一下语音信号采用均匀量化时的量化信噪比变化。语音信号是随机信号，因此计算量化噪声功率时应考虑语音信号的统计特性。

根据统计分析结果，语音信号的幅度概率分布特性是：幅值越小，出现的概率越大；幅值越大，出现的概率越小，其概率密度分布服从指数规律，如图 2-8 所示。

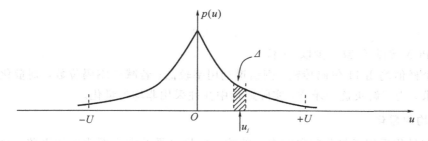

图 2-8　语音信号幅度分布概率

为简化计算，忽略过载区的影响，并设在量化区内划分 N 个间隔，则量化间隔为

$$\Delta = \frac{2U}{N}$$

若 j 为第 j 个间隔，量化值取中间值 u_j，则在第 j 间隔内的量化噪声功率为

$$N_{jq} = E[(u - u_j)^2] = \int_{u_j - \frac{\Delta}{2}}^{u_j + \frac{\Delta}{2}} (u - u_j)^2 p(u) \mathrm{d}u \qquad (2-8)$$

一般来说，量化间隔数 N 很大，量化间隔 Δ 很小，因而可认为信号概率密度 $p(u)$ 在 Δ 内不变，用 $p(u_j)$ 表示，信号幅度值落在 Δ 内的概率为 p_j，则有

$$N_{jq} = E[(u - u_j)^2] = \int_{u_j - \frac{\Delta}{2}}^{u_j + \frac{\Delta}{2}} (u - u_j)^2 p(u) \mathrm{d}u = \frac{\Delta^3}{12} \cdot p(u_j) = \frac{\Delta^2}{12} \cdot p_j \qquad (2-9)$$

假设各层之间的量化噪声相互独立，则总的量化噪声功率为各间隔量化噪声功率之和，即

$$N_q = \sum_{j=1}^{N} N_{jq} = \sum_{j=1}^{N} \left(\frac{\Delta^2}{12} \cdot p_j \right) = \frac{\Delta^2}{12} = \frac{U^2}{3N} \qquad (2-10)$$

由式（2-10）可知，不过载时均匀量化的量化噪声功率 N_q 仅与 Δ 有关，而与信号大小及信号的统计特性无关，一旦量化间隔 Δ 给定，无论抽样值多大，均匀量化噪声功率 N_q 都是相同的。

信号功率：

$$S = u^2$$

信噪比：

$$\left(\frac{S}{N_q} \right)_{\mathrm{dB}} = 10 \lg \left(\frac{3N^2 u^2}{U^2} \right) \approx 4.8 + 20 \lg N + 20 \lg |x| = 4.8 + 6n + 20 \lg |x| \qquad (2-11)$$

其中，$x = \dfrac{u}{U}$ 为归一化信号幅度值，量化间隔数 $N = 2^n$，n 为二进制码的位数。

从式（2-11）可知，均匀量化信噪比与信号大小、量化间隔数成正比。小信号信噪比低，大信号信噪比高；量化间隔数 N 增加，则信噪比提高，每增加一位码，信噪比提高 6 dB。

均匀量化器广泛应用于线性 A/D 转换接口中，例如计算机的 A/D 转换、遥测遥控系统、仪表及图像信号的数字化接口等，都使用均匀量化器。但在语音信号数字化通信中，均匀量化则有明显的不足。

为保证通信质量，对通信系统提出如下要求：在动态范围≥40 dB 的条件下，量化信噪比不应低于 26 dB。按这一要求，由式（2-11）可得

$$4.8+6n-40\geqslant 26$$

即

$$n\geqslant 10.2$$

因此 PCM 编码位数至少取 11 位。

若每个样值均用 11 位码传输，则信道利用率较低；若减少编码位数，则量化信噪比不能满足要求。为了解决这一矛盾，实际通信中往往采用非均匀量化。

4. 非均匀量化

非均匀量化采用了量化间隔的大小随输入信号电平的大小而改变的思路。对输入信号进行量化时，大的输入信号采用大的量化间隔，量化误差也大，则量化噪声功率增大，信号不变时，使量化信噪比降低；小的输入信号采用小的量化间隔，量化误差也小，则量化噪声功率变小，信号不变时，使量化信噪比提高。

非均匀量化的输出 $u_o(t)$ 与输入 $u_i(t)$ 之间的关系是一个非均匀的阶梯关系，其关系曲线如图 2-9 所示。

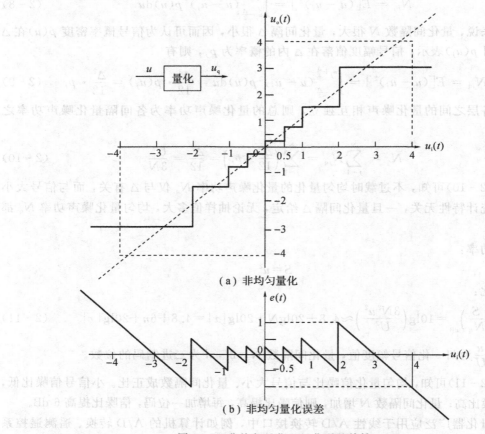

（a）非均匀量化

（b）非均匀量化误差

图 2-9　非均匀量化及量化误差特性

实现非均匀量化的方法之一是采用压缩扩张技术，其工作原理如下：

在发送端首先对输入信号进行压缩处理，改变大、小信号的比例关系，大信号放大倍数小，小信号放大倍数大；再把压缩处理后的信号进行均匀量化，等效的结果就是对原信号进行了非均匀量化；再对量化后的信号进行编码，传输到对方，接收、解码恢复为压缩后的信号；最后，在接收端再将接收到的压缩信号进行扩张处理还原成原始信号。扩张功能和压缩功能正好相反，非均匀量化的基本原理如图 2-10 所示。

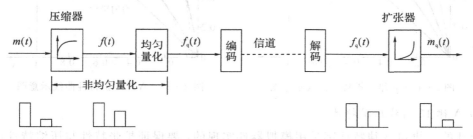

图 2-10　非均匀量化的基本原理

目前在 PCM 系统中主要采用两种压扩特性：一种是以 μ 作为参量的压扩特性，叫做 μ 律压扩特性；另一种是以 A 作为参量的压扩特性，叫做 A 律压扩特性。μ 律特性主要在北美和日本等国家的 PCM 24 路系统中采用，A 律特性主要在英国、法国、德国等欧洲国家及我国的 PCM 30/32 路系统中采用。

1）μ 律压扩特性

μ 律压扩特性表示式为

$$y = \mathrm{sgn}(x) \frac{1}{\ln(1+\mu)} \cdot \ln(1+\mu|x|) \tag{2-12}$$

式中，y 表示压缩器的输出信号，x 表示压缩器的输入信号，这两个值都是以临界过载值 U 进行归一化的量，即 $-1 \leqslant x \leqslant 1$，$-1 \leqslant y \leqslant 1$，$\mathrm{sgn}(x)$ 为 x 的极性。

μ 为确定压缩量的参数，反映最大量化间隔与最小量化间隔之比。当 $\mu = 0$ 时，$y = x$，属于均匀量化，未压缩，因此要求 $\mu > 0$。随着 μ 增大，小幅度信号的压扩特性明显，μ 一般取值为 100～500。不同的 μ 值的压缩特性如图 2-11 所示。

2）A 律压扩特性

A 律压扩特性表示式为

$$y = \begin{cases} \mathrm{sgn}(x) \dfrac{A|x|}{1+\ln A} & 0 \leqslant |x| \leqslant \dfrac{1}{A} \\[2mm] \mathrm{sgn}(x) \dfrac{1+\ln(A|x|)}{1+\ln A} & \dfrac{1}{A} \leqslant |x| \leqslant 1 \end{cases} \tag{2-13}$$

式中，A 是压缩参数。当 $A = 1$ 时，$y = x$，输出与输入呈线性关系，属于均匀量化；当 $A > 1$ 时，随着 A 增大，压缩特性越明显。

由式（2-13）可知，在 $0 \leqslant |x| \leqslant \dfrac{1}{A}$ 范围内，y 是直线段；在 $\dfrac{1}{A} \leqslant |x| \leqslant 1$ 范围内，y 是一条对数曲线，如图 2-12 所示。

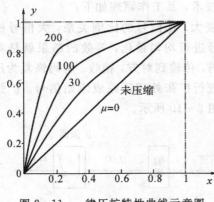

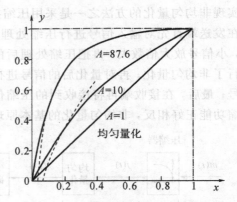

图 2-11 μ 律压扩特性曲线示意图 　　　　图 2-12 A 律压扩特性曲线示意图

3）A 律 13 折线压扩特性

上述的 μ 律和 A 律特性都是用模拟器件实现的，要保证扩张特性与压缩特性严格互逆，很难实现。随着集成电路和数字技术的迅速发展，数字压扩技术的应用日益广泛。利用数字集成电路，可以用多段折线来近似压缩特性曲线。

在实际中采用的压扩技术主要有 15 折线 μ 律（$\mu=255$）和 13 折线 A 律（$A=87.6$）等。下面以 13 折线 A 律特性为例来说明具体的实现方法。

在 x 轴 0～1（归一化）范围内，以 $\frac{1}{2}$ 递减规律分成 8 个不均匀段，其分段点是 $\frac{1}{2}$、$\frac{1}{4}$、$\frac{1}{8}$、$\frac{1}{16}$、$\frac{1}{32}$、$\frac{1}{64}$ 和 $\frac{1}{128}$。在 y 轴 0～1（归一化）范围内，以均匀分段方式分成 8 个均匀段，其分段点是 $\frac{7}{8}$、$\frac{6}{8}$、$\frac{5}{8}$、$\frac{4}{8}$、$\frac{3}{8}$、$\frac{2}{8}$ 和 $\frac{1}{8}$。

在 $x-y$ 平面上找到 x 轴和 y 轴对应的分段线相交点，相邻两点连线，就可得到斜率不同的 8 段折线，如图 2-13 所示。

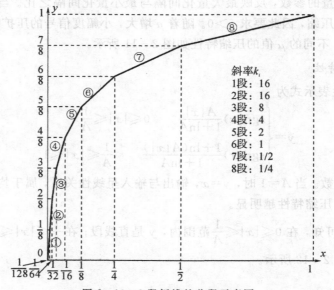

图 2-13 8 段折线的分段示意图

由式(2-13)可知，在 $0 \leqslant |x| \leqslant \frac{1}{A}$ 范围内，A 律特性是直线段，要使之与图 2-13 所示的折线近似，此直线斜率必须与折线的第 1 段斜率相等，可得出 $A = 87.6$。

将 $A = 87.6$ 代入式(2-13)可以计算出不同 x 取值时 y 的取值。将 $A = 87.6$ 的 A 律特性曲线与 13 折线对比列于表 2-1。

表 2-1　按 A 律和 13 折线求 x 值的对比

$\diagdown$ y x	$\frac{1}{8}$	$\frac{2}{8}$	$\frac{3}{8}$	$\frac{4}{8}$	$\frac{5}{8}$	$\frac{6}{8}$	$\frac{7}{8}$	1
按 A 律求 x	$\frac{1}{128}$	$\frac{1}{60.6}$	$\frac{1}{30.6}$	$\frac{1}{15.4}$	$\frac{1}{7.8}$	$\frac{1}{3.4}$	$\frac{1}{2}$	1
按折线求 x	$\frac{1}{128}$	$\frac{1}{64}$	$\frac{1}{32}$	$\frac{1}{16}$	$\frac{1}{8}$	$\frac{1}{4}$	$\frac{1}{2}$	1

由表 2-1 可以看出，对应同一 y 值，两种情况计算所得 x 值基本上相等，说明两种压缩特性十分接近。

同理，对 $-1 \sim 0$ 范围内的信号同样可以得到 8 段折线。正、负双向合起来共 16 段折线。从折线的各段斜率计算可知，$-1 \sim +1$ 范围内第 1 段与第 2 段的斜率都是 16，两者相等，所以靠近零点附近的 4 段折线实际上是一段直线，因此在 $-1 \sim +1$ 范围内就形成了总数为 13 段的折线，简称为 A 律 13 折线。

采用 A 律 13 折线特性进行非均匀量化后的量化信噪比与均匀量化信噪比的关系为

$$\left(\frac{S}{N_q}\right)_{\text{dB非均匀}} = \left(\frac{S}{N_q}\right)_{\text{dB均匀}} + 20 \lg k_i$$
$$\approx 4.8 + 6n + 20 \lg |x| + 20 \lg k_i \qquad (2-14)$$

式中，k_i 为 13 折线各段斜率，$20 \lg k_i$ 称为信噪比改善量，不同段落的信号信噪比改善量不同。

对于动态范围为 40 dB 的语音信号，为达到信噪比要求，应有编码位数 $n \geqslant 6.2$，所以最少码位数为 $n = 7$。

可见对于同样的动态范围，采用非均匀量化只需 7 位码，采用均匀量化则需要 11 位码。非均匀量化有效提高了小信号的信噪比。

2.1.4　编码与解码

编码是把量化后的样值信号用二进制码组表示，目前电话通信中，语音信号通常采用 8 位二进制代码表示每个样值。8 位二进制码元总共组成 256 个不同的码字，可以表示 256 个量化值。现在结合 A 律 13 折线特性说明编码方法。

A 律 13 折线特性的编码方法是对信号样值采用归一化处理后，在 $0 \sim 1$ 范围内先进行非均匀量化分段再进行编码。

1. 非均匀量化分段方案

(1) 先以 $\frac{1}{2}$ 递减规律将 $0 \sim 1$ 范围分成 8 个大段，其分段点分别是 $\frac{1}{2}$、$\frac{1}{4}$、$\frac{1}{8}$、$\frac{1}{16}$、$\frac{1}{32}$、$\frac{1}{64}$ 和 $\frac{1}{128}$；

（2）再分别把 8 个大段均匀量化成 16 个小段，共分 128 段，考虑正、负双极性，则共计 256 个量化段，编码时需要 8 位二进制码。

其中最小量化间隔为

$$\frac{1}{128} \div 16 = \frac{1}{2048}$$

设 $\frac{1}{2048} = \Delta$，则 $1 = 2048\Delta$。

2. 码字安排

采用 A 律 13 折线编码时所需要的 8 位二进制码由 1 位极性码和 7 位非线性幅度码组成，具体安排如下。

（1）a_1：极性码。$a_1 = 1$，表示正极性；$a_1 = 0$，表示负极性。

（2）$a_2 a_3 a_4$：段落码。共有 8 种组合 000～111，分别表示对应的 8 个大段。

（3）$a_5 a_6 a_7 a_8$：段内码。共有 16 种组合 0000～1111，分别表示每大段内的 16 个小段。

段落码与 8 个段落的对应关系如表 2-2 所示。段内码与 16 个量化级的对应关系如表 2-3 所示。8 个大段的电平量化值与码字的对应关系如表 2-4 所示。

表 2-2　段落码与段落的对应关系

段落序号	段落码
8	111
7	110
6	101
5	100
4	011
3	010
2	001
1	000

表 2-3　段内码与量化级的对应关系

量化级	段内码
15	1111
14	1110
13	1101
12	1100
11	1011
10	1010
9	1001
8	1000
7	0111
6	0110
5	0101
4	0100
3	0011
2	0010
1	0001
0	0000

表 2 - 4　电平量化值与码字的对应关系

量化段序号	段落码 $a_2a_3a_4$	电平范围 (Δ)	段落起始电平 $I_{Bi}(\Delta)$	量化间隔 $\Delta_i(\Delta)$	段内码对应权值(Δ) $a_5a_6a_7a_8$			
8	111	1024～2048	1024	64	512	256	128	64
7	110	512～1024	512	32	256	128	64	32
6	101	256～512	256	16	128	64	32	16
5	100	128～256	128	8	64	32	16	8
4	011	64～128	64	4	32	16	8	4
3	010	32～64	32	2	16	8	4	2
2	001	16～32	16	1	8	4	2	1
1	000	0～16	0	1	8	4	2	1

【例 2 - 2】　若样值为 -1610Δ，试确定其对应的 8 位 PCM 码。

解　样值为负值，故极性码 a_1 为 0。

电平范围位于 1024～2048，属于第 8 段，故段落码 $a_2a_3a_4$ 为 111。

量化间隔为 64Δ，段落起始电平为 1024Δ，$1610-1024=586$，$\dfrac{586}{64}=9.01$，信号属于第 10 小段，故段内码 $a_5a_6a_7a_8$ 为 1001。

所以样值 -1610Δ 对应的 PCM 编码值为 01111001。

3. 编码过程

现实中常采用逐次比较反馈型编码方法完成 A 律 13 折线编码。"逐次比较"指每编一位码就要进行一次比较；"反馈"是指每编出的一位码，除了向外输出，还需要反馈回编码器控制后续工作。上述编码方法是把压缩、量化和编码合为一体的方法。该编码方法的关键是比较时参考值的确定，在 A 律 13 折线编码中常采用段落对分的原则确定参考值，编码过程分两步来进行。

第一步，确定极性码。极性码根据输入信号的极性来确定，比较编码时参考值为零。当 $i_s \geqslant 0$ 时，a_1 ="1"码；当 $i_s < 0$ 时，a_1 ="0"码。

第二步，确定幅度码。幅度码由样值信号的绝对大小来确定，编码时所需的参考值以量化段为单位，逐次对分，对分点的电平值即是参考值 I_{Ri}。当 $I_s \geqslant I_{Ri}$ 时，a_i ="1"码；当 $I_s < I_{Ri}$ 时，a_i ="0"码。

（1）段落码参考值的确定。

段落码参考值采用段落对分原则确定，如图 2 - 14 所示。

第一次参考值为第 1～4 段和 5～8 段的分界点，即 $I_{Ri}=128\Delta$。

第二次参考值由 a_2 结果决定。当 $a_2=0$ 时，表示信号处于 1～4 段，对分点为 1～2 段和 3～4 段的分界点，即 $I_{R3}=32\Delta$；当 $a_2=1$ 时，表示信号处于 5～8 段，对分点为 5～6 段和 7～8 段的分界点，$I_{R3}=512\Delta$。

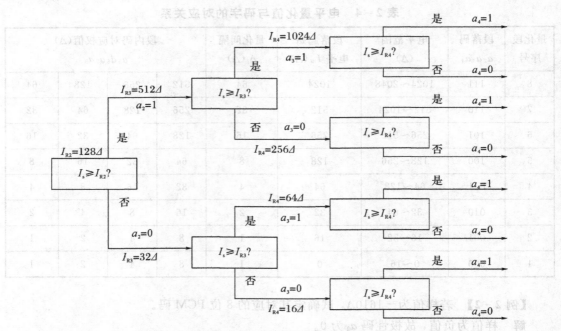

图 2-14 段落码参考值的确定

第三次参考值由 $a_2 a_3$ 结果决定。当 $a_2 a_3 = 00$ 时，表示信号处于 1~2 段，对分点为第 1 段和第 2 段的分界点，即 $I_{R3} = 16\Delta$；当 $a_2 a_3 = 01$ 时，表示信号处于 3~4 段，对分点为第 3 段和第 4 段的分界点，即 $I_{R3} = 64\Delta$；当 $a_2 a_3 = 10$ 时，表示信号处于 5~6 段，对分点为第 5 段和第 6 段的分界点，即 $I_{R3} = 256\Delta$；当 $a_2 a_3 = 11$ 时，表示信号处于 7~8 段，对分点为第 7 段和第 8 段的分界点，即 $I_{R3} = 1024\Delta$。

（2）段内码参考值的确定。

段内码参考值的确定同样采用段落对分原则，由已编的码决定后一位码的判断参考值，即

$$I_{R5} = I_{Bi} + 8\Delta_i$$

$$I_{R6} = I_{Bi} + 8\Delta_i \cdot a_5 + 4\Delta_i$$

$$I_{R7} = I_{Bi} + 8\Delta_i \cdot a_5 + 4\Delta_i \cdot a_6 + 2\Delta_i$$

$$I_{R8} = I_{Bi} + 8\Delta_i \cdot a_5 + 4\Delta_i \cdot a_6 + 2\Delta_i \cdot a_7 + \Delta_i$$

【例 2-3】 假设输入信号的样值为 $i_s = -700\Delta$，按 A 律 13 折线编码方法编出对应的 8 位码字。

解

（1）因为 $i_s = -700 < 0$，所以 $a_1 = 0$。

（2）$|i_s| = I_s = 700\Delta$，$I_{R2} = 128\Delta$，因为 $I_s > I_{R2}$，所以 $a_2 = 1$。

（3）$I_{R3} = 512\Delta$，因为 $I_s > I_{R3}$，所以 $a_3 = 1$。

（4）$I_{R4} = 1024\Delta$，因为 $I_s < I_{R4}$，所以 $a_4 = 0$。段落码为 110，信号属于第 7 大段，$I_{B7} = 512\Delta$，$\Delta_7 = 32\Delta$。

（5）$I_{R5} = I_{Bi} + 8\Delta_i = 512\Delta + 8 \times 32\Delta = 768\Delta$，因为 $I_s < I_{R5}$，所以 $a_5 = 0$。

（6）$I_{R6}=I_{Bi}+8\Delta_i \cdot a_5+4\Delta_i=512\Delta+8\times32\Delta\times0+4\times32\Delta=640\Delta$，因为 $I_s>I_{R6}$，所以 $a_6=1$。

（7）$I_{R7}=I_{Bi}+8\Delta_i \cdot a_5+4\Delta_i \cdot a_6+2\Delta_i=512\Delta+8\times32\Delta\times0+4\times32\Delta\times1+2\times32\Delta=$
704Δ，因为 $I_s<I_{R7}$，所以 $a_7=0$。

（8）$I_{R8}=I_{Bi}+8\Delta_i \cdot a_5+4\Delta_i \cdot a_6+2\Delta_i \cdot a_7+\Delta_i$

$$=512\Delta+8\times32\Delta\times0+4\times32\Delta\times1+2\times32\Delta\times0+32\Delta=672\Delta$$

因为 $I_s>I_{R8}$，所以 $a_8=1$。

因此，样值信号 $i_s=-700\Delta$ 对应的编码为 01100101。

4. 逐次比较反馈型编码器

逐次比较反馈型编码器由两大部分组成：比较判决和码形成电路、参考值的提供电路（本地解码）。逐次比较反馈型编码器的原理框图如图 2-15 所示。

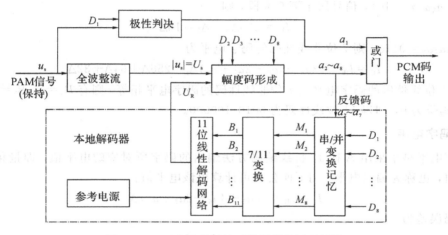

图 2-15　逐次比较反馈型编码器的原理框图

经抽样保持的 PAM 信号分成两路，一路送入极性判决电路，在 D_1 时刻进行判决，产生极性码 a_1，信号为正极性时 $a_1=1$，信号为负极性时 $a_1=0$。

另一路经全波整流后送入幅度码形成电路，与本地解码器产生的参考值进行比较，产生幅度码 $a_2\cdots a_8$，其比较是按时序脉冲 $D_2\cdots D_8$ 逐位进行的。$D_1\cdots D_8$ 脉冲的时序关系如图 2-16 所示。

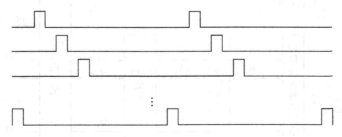

图 2-16　$D_1\cdots D_8$ 脉冲的时序关系图

本地解码器的作用是将极性码以外的 $a_2\cdots a_7$ 各位码逐位反馈，经串/并变换，并记忆为 $M_2\cdots M_8$，再将 $M_2\cdots M_8$（7 位非线性码）经 7/11 变换电路变换为相应的 11 位线性码，最后经 11 位线性解码网络解码，即可输出相应的判决用的参考值 I_R 或 U_R。

7/11 变换的码组对应关系应是等值的。7 位非线性码对应的电平值可按下式进行计算：

$$I_C = I_{Bi} + (8a_5 + 4a_6 + 2a_7 + a_8)\Delta_i$$

11 位线性码各码位对应的电平值如表 2-5 所示。

表 2-5　11 位线性码各码位对应的电平值

幅度码	B_1	B_2	B_3	B_4	B_5	B_6	B_7	B_8	B_9	B_{10}	B_{11}
权值(Δ)	1024	512	256	128	64	32	16	8	4	2	1

11 位线性码的码字电平为

$$I_{C1} = (1024B_1 + 512B_2 + 256B_3 + \cdots + 2B_{10} + B_{11})\Delta$$

【例 2-4】 7 位非线性码为 1010110，求对应的 11 位线性码是多少？

解　$a_2a_3a_4 = 101$，信号属于第 6 大段，则

$$I_{B6} = 256\Delta, \quad \Delta_6 = 16\Delta$$

$a_5a_6a_7a_8 = 0110$，则 7 位非线性码的码字电平为

$$I_C = I_{Bi} + (8a_5 + 4a_6 + 2a_7 + a_8)\Delta_i = 256\Delta + 64\Delta + 32\Delta$$

若 11 位线性码的码字电平与 7 位非线性码的码字电平相等，则有 $B_3 = 1$，$B_5 = 1$，$B_6 = 1$，其他码位为 0，即得 11 位线性码为 00101100000。

5. 码字电平

码字电平是指采用 A 律 13 折线编码方法编出的码字所对应的电平值，即量化时所取的量化值，也称为编码电平，用下面公式可计算出该电平值：

$$I_C = I_{Bi} + (8a_5 + 4a_6 + 2a_7 + a_8)\Delta_i$$

编码误差为

$$|e(t)| = |I_C - I_s|$$

6. 解码

解码是编码的反过程，即将二进制码字转换为 PAM 样值信号。根据接收到的二进制码字情况，分析该码字所代表的信号极性，再判断信号所属的量化段，最后求出对应的电平大小。A 律 13 折线解码器的原理框图如图 2-17 所示。

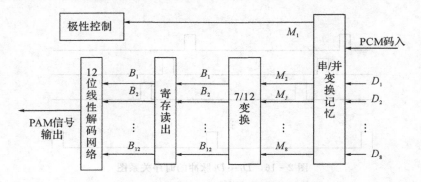

图 2-17　A 律 13 折线解码器的原理框图

接收到的 PCM 串行码经过串/并变换记忆电路变为并行码，并由记忆电路记忆，通过 7/12 变换、寄存读出和 12 位线性解码网络输出相应的 PAM 信号。

采用 A 律 13 折线编码方法时，为了使电路实现简单，量化值都取量化间隔的下限，这样所产生的量化误差 $|e_i| \leqslant \Delta_i$，合理的量化值应是每一量化间隔的中间值，这时的量化误差是 $|e_i| \leqslant \Delta_i/2$。为了保证接收端解码后的量化误差不超过 $\Delta_i/2$，在接收端加入 $\Delta_i/2$ 的补差项，这样可得出解码电平值计算公式为

$$I_D = I_C + \frac{\Delta_i}{2}$$

解码误差为

$$|e(t)| = |I_D - I_s|$$

【**例 2-5**】　计算例 2-3 中码字所对应的码字电平和解码电平，并分别计算发端和收端误差。

解　例 2-3 编码所得码字为 01100101，因为极性码为 0，故为负极性。

段落码为 110，属于第 7 量化段，其起始电平为 $I_{B7} = 512\Delta$，量化间隔为 $\Delta_7 = 32\Delta$，段内码为 0101，故码字电平为

$$I_C = I_{Bi} + (8a_5 + 4a_6 + 2a_7 + a_8)\Delta_i$$
$$= 512\Delta + (8 \times 0 + 4 \times 1 + 2 \times 0 + 1) \times 32\Delta = 672\Delta$$
$$I_D = I_C + \frac{\Delta_i}{2} = 672\Delta + \frac{32\Delta}{2} = 688\Delta$$

编码误差为

$$|e(t)| = |I_C - I_s| = |672\Delta - 700\Delta| = 28\Delta$$

解码误差为

$$|e(t)| = |I_D - I_s| = |688\Delta - 700\Delta| = 12\Delta$$

2.2　差值脉冲编码调制(DPCM)

从语音信号的相关性分析可知，当以一定的时间间隔对语音信号进行抽样时，相邻样值之间都存在着很强的相关性。PCM 编码没有考虑这些相关性，直接对每一个样值信号独立进行编码，所以编码所得到的信号中会含有一定的冗余信息，使编码信号的速率有一些不必要的增加，从而降低了传输效率。由此可见，利用语音信号的相关性降低编码速率是实现语音信号高效编码的有效方法之一。DPCM 就是考虑利用语音信号的相关性，找出可反映信号变化特征的一个差值进行量化和编码，根据相关性原理，这一差值的幅度范围一定小于原信号幅度的范围。因此，在保持相同量化误差的前提条件下，量化电平数量可以减少，编码位数相应减少，编码速度降低，也就是压缩了编码速率。一般地，人们把编码后码速率低于 64 kb/s 的编码方式称为语音压缩编码。

2.2.1　DPCM 系统原理

差值脉冲编码调制(DPCM)是一种对样值信号的差值进行量化和编码的通信方式，一般是以预测的方式来实现的。预测是指当知道了有相关性信号的一部分时，就可对其余部分进行推断和估值。具体地说，如果知道了一个信号在某一时刻以前的状态，就可对它的后来值进行估计。

1. DPCM 编码

这种脉冲编码调制方式在发送端首先对模拟的语音信号进行抽样，然后求取样值的差值信号，再对样值的差值信号进行量化和编码，编码得到的数字信号通过信道传输到达接收端。其中求取差值所需要的前一相邻时刻样值由预测器产生，预测器一般由延迟一个周期的记忆电路实现。DPCM 系统的原理框图如图 2-18 所示。

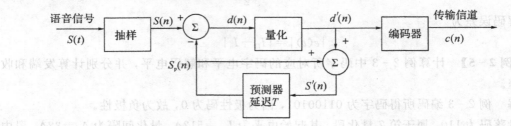

（a）发送端的编码原理

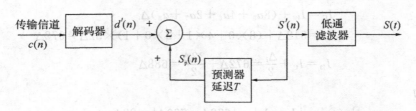

（b）接收端的解码原理

图 2-18　DPCM 系统的原理框图

设样值序列为 $S(0)$，$S(1)$，$S(2)$，$S(3)$，…，$S(n)$，样值的差值 $d(i)$ 是本时刻样值与前一相邻时刻样值之间的差值，$d(i)=S(i)-S_p(i)$，其中，$S_p(i)=S'(i-1)$ 为预测值。

在 $t=0$ 时刻，设前邻时刻的样值是 0，则有 $d(0)=S(0)$，量化值为 $d'(0)$。DPCM 原理示意如图 2-19 所示。

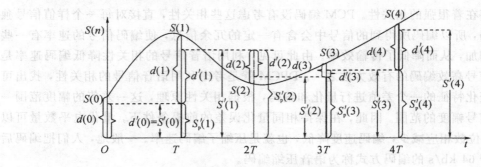

图 2-19　DPCM 原理示意图

2. DPCM 解码

接收端与发送端的功能相反，通过解码还原出样值的差值信号，再经过相加器得到恢复的近似样值信号，最后经过低通滤波器的平滑作用，恢复和重建原始模拟信号。其中，接收端的预测器与发送端的相同，即

$$S'(0)=d'(0)$$

$$S'(1) = S'(0) + d'(1) = d'(0) + d'(1)$$
$$S'(2) = S'(1) + d'(2) = d'(0) + d'(1) + d'(2)$$
$$S'(3) = S'(2) + d'(3) = d'(0) + d'(1) + d'(2) + d'(3)$$
$$\vdots$$
$$S'(n) = S'(n-1) + d'(n) = d'(0) + d'(1) + d'(2) + d'(3) + \cdots + d'(n) = \sum d'(i)$$

由上述分析可知：恢复的信号样值等于过去到现在的所有差值信号的累积。量化误差为

$$e(n) = S(n) - S'(n) = d(n) - d'(n)$$

2.2.2　ADPCM 系统原理

自适应差值脉冲编码调制（ADPCM）是在 DPCM 编码技术的基础上发展起来的。在通信过程中，由于语音信号随时都会发生变化，为了能在相当宽的动态变化范围内得到最佳的性能，进一步提高通信质量，可在 DPCM 系统中增加自适应系统，这种 DPCM 系统称为自适应差值脉冲编码调制（ADPCM），它是语音压缩编码方法中复杂程度较低的一种，它能在 32 kb/s 数码率的条件下达到符合 64 kb/s 数码率的语音质量。

自适应包括自适应预测和自适应量化两方面的含义，图 2 - 20 为 ADPCM 系统的原理框图。从图中可以看出，ADPCM 系统的编码和解码电路结构基本和 DPCM 系统的电路结构相同，不同的是在 DPCM 的基础上加上了两部分电路——自适应量化和自适应预测，使编码系统的性能得到了很大程度的优化。

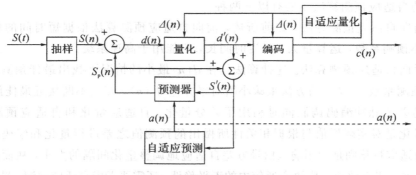

（a）发送端的编码原理

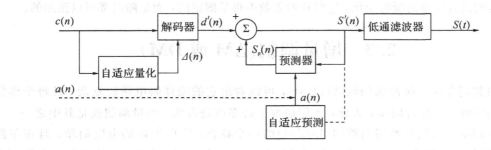

（b）接收端的解码原理

图 2 - 20　ADPCM 系统的原理框图

1. 自适应量化

自适应量化是指量化器的量化级差随着输入差值电平 $d(n)$ 的改变而自动改变。输入差值电平大的时候，量化级差也大；输入差值电平小的时候，量化级差也小。可利用这一特性来减小量化噪声。量化部分电路主要是量化尺度适配器，它是由定标因子自适应和自适应速度控制两部分电路组成的。编码器中量化器的自适应受量化尺度适配器中的定标因子控制，为了适应语音信号、带内数据、信令等信号的不同统计特性，一般定标量化器采用双模式自适应方式。CCITT 的建议如下：

（1）快速定标因子用于语音等信号，这类信号产生波动大的差值信号。

（2）慢速定标因子用于带内数据、单频等信号，这类信号产生波动小的差值信号。

自适应的速度受快速和慢速定标因子的组合控制，这种控制由量化尺度适配器中的自适应速度控制电路来完成，控制参数通过对输出 ADPCM 码流的滤波获得。

2. 自适应预测

为了获得最大的预测增益，通常采用自适应预测方式，预测系数在预测过程中实时调整。差值在累加时的预测系数随着样值 $S(n)$ 的变化而自动变化，以精确地逼近样值信号，从而达到减小差值信号 $d(n)$ 的目的。它的基本思想是使预测系数的改变与输入信号的幅度值相匹配，从而使预测误差为最小值，这样预测的编码范围可减小，在相同的编码位数下可提高信噪比。自适应预测可比固定预测多获得 3 dB 左右的预测增益。

常用的自适应预测算法主要有以下两种。

（1）前向自适应预测算法。如前所述，前向自适应预测算法根据短时间的相关特性求短时的最小预测系数，运算量大，延迟时间长，不能用于高速系统。

（2）后向自适应预测算法。这种算法是在 $d(n)$ 最小的情况下找出最佳预测系数，采用不断修正预测系数 $\{a_i(k)\}$ 的方法来减小瞬时平方差 $d^2(n)$，使 a_i 不断接近最佳预测系数。

自适应差值脉冲编码调制同时利用了差分量化、自适应量化和自适应预测的基本技术。差分量化是对实际样值与根据相关性所做出的预测值之差进行量化和编码，以降低编码速率；自适应量化则是利用输入信号方差自适应地调整量化间隔的大小，从而改善量化的质量；为了进一步有效地克服语音通信中的不平稳性，还需要考虑自适应预测，采用预测器自适应地匹配语音信号的瞬时变化，这时预测系数不再是固定的，而是随时都可以预测的。

2.3 增量调制(ΔM 或 DM)

前面我们介绍了脉冲编码调制(PCM)，可以看出它的编译码电路较复杂，且每个样值的码字都要收、发保持同步，为此，人们研究了许多改进方法，增量调制就是其中之一。

增量调制是差值脉冲编码调制(DPCM)的一个特例，它的编译码电路简单，且在单路时不需要同步。当 DPCM 系统中量化器的量化电平数为 2，且预测器仍是延迟一个周期 T 的电路时，DPCM 系统就称作增量调制(ΔM 或 DM)系统。

实际上，增量调制编码每次取样只编一位码，这一位编码并不是表示信号抽样值的大小，而是表示抽样幅度的增量，即采用一位二进制数码"1"或"0"来表示信号在抽样时刻的值相对于前一个抽样时刻的值是增大还是减小，增大则输出"1"码，减小则输出"0"码。输出的"1""0"只是表示信号相对于前一个时刻的增减，不表示信号的幅度。

2.3.1　增量调制的编码

增量调制的编码规则为：当相邻两个样值的差值大于等于 0 时，编为"1"码；当相邻两个样值的差值小于 0 时，编为"0"码，编码过程示意图如图 2-21 所示。

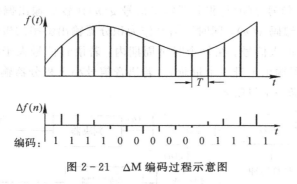

图 2-21　ΔM 编码过程示意图

2.3.2　增量调制的解码

增量调制在解码时，用 ±Δ 来表示信号的变化幅度。当码字为"1"时，样值增加 Δ；当码字为"0"时，样值减少 Δ。最后通过低通滤波器对波形进行平滑，得到输出波形。解码过程示意图如图 2-22 所示。

从图 2-21 和图 2-22 可见，增量调制编码简单，但误差较大，为了减小误差，可增加抽样频率，减小抽样间隔，这样可使差值减少；幅度间隔 Δ 也可取得小些，当幅度间隔足够小时，解码输出的信号就可以接近原信号了。

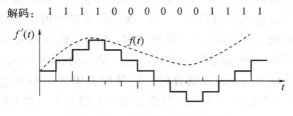

图 2-22　ΔM 解码过程示意图

2.3.3　连续可变斜率增量调制（CVSD）

简单增量调制在实际通信中没有得到应用，主要原因是幅度间隔 Δ 固定不变（即为均匀量化）。对均匀量化而言，如果幅度间隔取值较大，则斜率变化较小的信号量化噪声大；如果幅度间隔取值较小，则斜率较大的信号量化噪声大。均匀量化无法使两种噪声同时减小，从而使信号的动态范围变窄，量化信噪比小，但是简单增量调制为增量调制技术提供了理论基础。

在语音通信中应用较为广泛的是音节压扩自适应增量调制，它是在数字码流中提取脉冲控制电压，经过音节平滑，按音节速率（也就是语音音量的平均周期）去控制幅度间隔 Δ。

在各种音节压扩自适应增量调制中，连续可变斜率增量调制(CVSD)系统用得较多。

1. CVSD 编译码原理

CVSD 是一种量阶 δ 随着输入语音信号平均斜率的大小而连续变化的增量调制方式。它的工作原理是：用多个连续可变斜率的线段来逼近语音信号，当线段斜率为正时，对应的数字编码为 1；当线段斜率为负时，对应的数字编码为 0。

当 CVSD 工作于编码方式时，其系统框图如图 2-23 所示。语音信号 $f_i(t)$ 经抽样得到数字信号 $f(n)$，数字信号 $f(n)$ 与积分器输出信号 $g(n)$ 比较后输出偏差信号 $e(n)$，偏差信号经判决后输出数字编码 $y(n)$，同时该信号作为积分器输出斜率的极性控制信号和积分器输出斜率大小逻辑的输入信号。在每个时钟周期内，若语音信号大于积分器输出信号，则判决输出为 1，积分器输出上升一个量阶 δ；若语音信号小于积分器输出信号，则判决输出为 0，积分器输出下降一个量阶 δ。

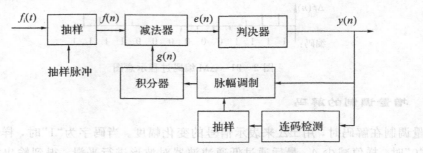

图 2-23　CVSD 编码方式下的系统框图

当 CVSD 工作于译码方式时，其系统框图如图 2-24 所示。在每个时钟周期内，数字编码 $y(n)$ 被送到连码检测器，然后送到斜率幅度控制电路以控制积分器输出斜率的大小。若数字编码 $y(n)$ 输入为 1，则积分器的输出上升一个量阶 δ；若数字编码 $y(n)$ 输入为 0，则积分器的输出下降一个量阶 δ，这相当于编码过程的逆过程。积分器的输出 $f_o(t)$ 通过低通滤波器平滑滤波后将重现输入语音信号 $f_i(t)$，在实际实验中低通滤波器由硬件完成。可见输入信号的波形上升越快，输出的连"1"码就越多，同样，输入信号的波形下降越快，输出的连"0"码就越多，CVSD 编码能够很好地反映输入信号的斜率大小。为使积分器的输出能够更好地逼近输入语音信号，量阶 δ 随着输入信号的斜率大小而变化，当信号斜率绝对值很大，编码出现三个连"1"或连"0"码时，量阶 δ 加一个增量 δ_0。当不出现上述码型时，量阶则相应地减少。

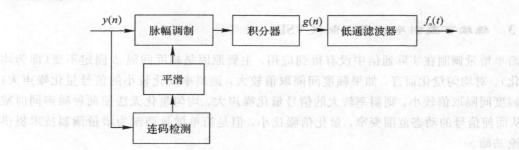

图 2-24　CVSD 译码方式下的系统框图

2. CVSD 实现算法

1) CVSD 编码算法

CVSD 通过不断改变量阶 δ 的大小来跟踪信号的变化以减小颗粒噪声与斜率过载失真，量阶 δ 的调整是基于过去的 3 个或 4 个样值输出。具体编码程序流程图如图 2-25 所示（以基于过去 3 个样值为例）。

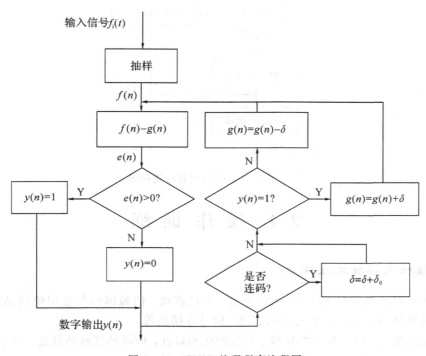

图 2-25　CVSD 编码程序流程图

(1) 当 $f(n) > g(n)$ 时，比较器输出 $e(n) > 0$，则数字编码 $y(n)$ 为 1，积分器输出 $g(n) = g(n) + \delta$。

(2) 当 $f(n) \leqslant g(n)$ 时，比较器输出 $e(n) < 0$，则数字编码 $y(n)$ 为 0，积分器输出 $g(n) = g(n) - \delta$。

2) CVSD 译码算法

译码是对收到的数字编码 $y(n)$ 进行判断，每收到一个"1"码就使积分器输出上升一个 δ 值，每收到一个"0"码就使积分器输出下降一个 δ 值，连续收到"1"码（或"0"码）就使输出一直上升（或下降），这样就可以近似地恢复输入信号。具体译码程序流程图如图 2-26 所示。

(1) 当 $y(n) = 1$ 时，积分器输出 $g(n) = g(n) + \delta$。

(2) 当 $y(n) = 0$ 时，积分器输出 $g(n) = g(n) - \delta$。

在整个编译码过程中，如果数字编码出现三个连"1"码或连"0"码时，则增加 δ 值；否则，减小 δ 值。

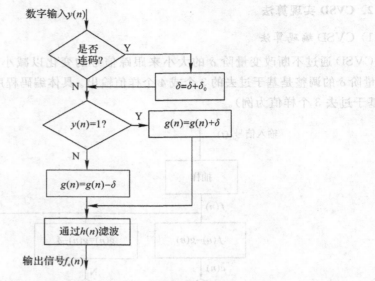

图 2-26 CVSD 译码程序流程图

2.4 操作训练

2.4.1 抽样及抽样定理实验

操作所需要的设备有 RZ9681 实验平台、主控模块、信源编码与复用模块 A3、信源译码与解复用模块 A6、100M 双通道示波器、信号连接线等。

通过操作训练，应掌握自然抽样、平顶抽样的特性，理解抽样脉冲脉宽、频率对恢复信号的影响，理解低通滤波器幅频特性对恢复信号的影响。

1. 实验框图

抽样定理的实验原理框图如图 2-27 所示。

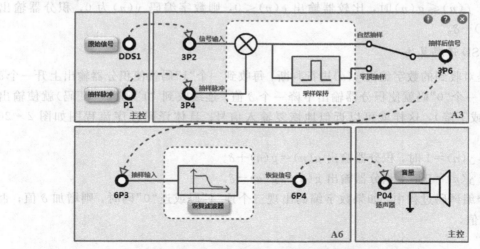

图 2-27 抽样定理的实验原理框图

1）主控模块

DDS1 提供正弦波等原始信号，并经过连线送到 A3 的 3P2"信号输入"端，作为脉冲幅度调制器的调制信号。另外，如果实验室配备了电话单机，也可以使用用户电话模块，这样验证实验效果更直接、更形象，P2 测试点可用于语音信号的连接和测量。

抽样脉冲 P1 提供有限高度、不同宽度和频率的抽样脉冲序列，并经过连线送到 A3 的 3P4"抽样脉冲"端，作为脉冲幅度调制器的抽样脉冲。P1 测试点可用于抽样脉冲的连接和测量。该模块提供的抽样脉冲频率和占空比可调。

扬声器功放可以将还原的信号通过扬声器播放出来，以便直观地感受抽样定理的实际应用。

2）抽样定理功能单元

抽样定理功能采用可编程单元实现，可以完成自然抽样和平顶抽样的切换，并且将原始信号、抽样脉冲和抽样后信号显示到彩色液晶屏上进行展示。

自然抽样将抽样信号和原始信号相乘后直接输出；平顶抽样将抽样信号和原始信号相乘后，进行采样保持，完成平顶抽样。

3）恢复滤波器

接收滤波器低通带宽可调，用来验证样值信号恢复。

2. 各模块测量点说明

1）主控模块

（1）DDS1：DDS1 信号源输出接口；

（2）P1：抽样脉冲输出；

（3）P04：扬声器输入。

2）信源编码与复用模块 A3

（1）3P2：原始信号的输入铆孔；

（2）3P4：抽样脉冲的输入铆孔；

（3）3P6：PAM 取样信号输出。

3）信源译码与解复用模块 A6

（1）6P3：恢复滤波器输入；

（2）6P4：恢复滤波器输出。

3. 实验内容及步骤

1）实验准备

（1）加电。

打开系统电源开关，通过液晶显示和模块运行指示灯状态，观察实验箱加电是否正常。若加电状态不正常，请立即关闭电源，查找异常原因。

（2）连接信号线。

使用信号连接线按照实验框图中的连线方式进行连接，并理解每个连线的含义。

（3）选择实验内容。

使用鼠标在液晶显示屏上根据功能菜单选择：实验项目→原理实验→信源编译码实验→PAM调制与抽样定理，进入到抽样定理实验页面。

2）自然抽样验证

（1）选择自然抽样功能。

在实验框图上通过"切换开关"，选择到"自然抽样"功能。

（2）修改参数进行测量。

通过实验框图上的"原始信号"、"抽样脉冲"按钮，设置实验参数，如图2-28所示。如：设置原始信号为"正弦"，频率为2000 Hz，幅度为20；设置抽样脉冲频率为8000 Hz，占空比为4/8（50%）。

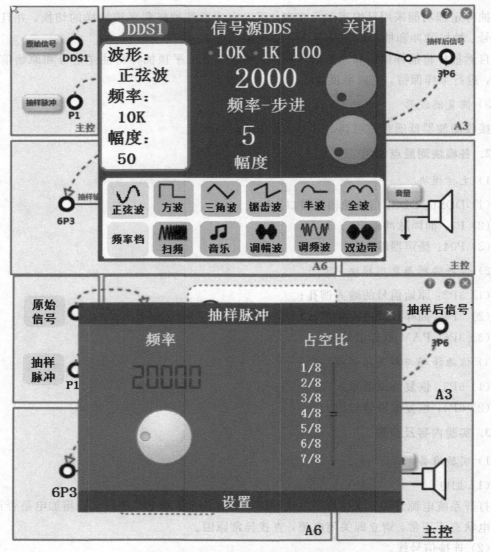

图2-28 模拟信号与抽样脉冲设置图

50

（3）观测时域抽样信号。

用双通道示波器，在 3P2 观测原始信号，在 3P4 观测抽样脉冲信号，在 3P6 观测 PAM 取样信号。

（4）观测频域抽样信号。

使用示波器的 FFT 功能或频谱仪，分别观测 3P2、3P4、3P6 测量点的频谱。

（5）观察恢复信号。

通过实验框图上的"恢复滤波器"按钮，设置恢复滤波器的截止频率为 3 kHz（点击截止频率数字），在 6P3 观察经过恢复滤波器后恢复信号的时域波形，如图 2-29 所示。

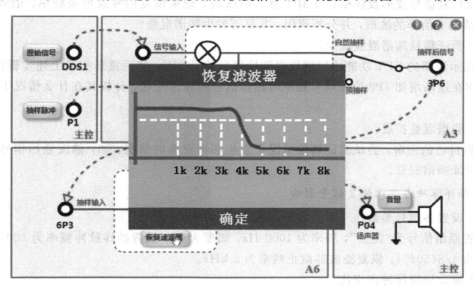

图 2-29　恢复滤波器设置

（6）改变参数重新完成上述测量。

修改模拟信号的频率及类型，修改抽样脉冲的频率，重复上述操作。

可以尝试表 2-6 所示组合，分析实验结果。

表 2-6　设计的各种组合

模拟信号	抽样脉冲	恢复滤波器	说　明
2 kHz 正弦波	3 kHz	2 kHz	1.5 倍抽样脉冲
2 kHz 正弦波	4 kHz	2 kHz	2 倍抽样脉冲
2 kHz 正弦波	8 kHz	2 kHz	4 倍抽样脉冲
2 kHz 正弦波	16 kHz	2 kHz	8 倍抽样脉冲
1 kHz 三角波	16 kHz	2 kHz	复杂信号恢复
1 kHz 三角波	16 kHz	6 kHz	复杂信号恢复

3）频谱混叠现象验证

（1）设置各信号参数。

设置原始信号为"正弦"，频率为 1000 Hz，幅度为 20；设置抽样脉冲频率为 8000 Hz，占空比为 4/8（50%）；设置恢复滤波器截止频率为 2 kHz。

（2）验证时域频谱混叠现象。

使用示波器观测原始信号 3P2 和恢复后信号 6P4。逐渐增加 3P2 原始信号频率：1 kHz，2 kHz，3 kHz，…，7 kHz，8 kHz；观察示波器测量波形的变化。当 3P2 为 6 kHz 时，记录恢复信号波形及频率；当 3P2 为 7 kHz 时，记录恢复信号波形及频率。记录 3P2 在不同情况下信号的波形，并分析原因，其是否发生频谱混叠？

（3）验证频域频谱混叠现象。

使用示波器的 FFT 功能或频谱仪观测抽样后信号 3P6，然后重新完成上述步骤（2）操作。观察在逐渐增加 3P2 原始信号频率时抽样信号的频谱变化，分析其在什么情况下发生混叠。

（4）频谱混叠扩展。

根据自己的理解，尝试验证其他情况下发生频谱混叠的情况。如：修改原始信号为三角波，验证频谱混叠。

4）抽样脉冲占空比恢复信号影响

（1）设置各信号参数。

设置原始信号为"正弦"，频率为 1000 Hz，幅度为 20；设置抽样脉冲频率为 8000 Hz，占空比为 4/8（50%）；恢复滤波器截止频率为 2 kHz。

（2）修改抽样脉冲占空比。

使用示波器观测原始信号 3P2 和恢复后信号 6P4。单击"抽样脉冲"按钮，逐渐修改抽样脉冲占空比为 1/8，2/8，…，7/8。在修改占空比的过程中，观察 6P4 恢复信号的幅度变化，并记录波形，分析占空比对抽样定理有什么影响。

5）平顶抽样验证

（1）修改参数进行测量。

通过实验框图上的"原始信号"、"抽样脉冲"按钮，设置实验参数。如：设置原始信号为"正弦"，频率为 1000 Hz，幅度为 20；设置抽样脉冲频率为 8000 Hz，占空比为 4/8（50%）。

（2）对比自然抽样和平顶抽样频谱。

使用示波器的 FFT 功能或频谱仪观测抽样后信号 3P6。在实验框图上通过"切换开关"，选择到"自然抽样"功能，观察并记录其频谱；切换到"平顶抽样"功能，观察并记录其频谱。分析自然抽样和平顶抽样后，频谱有什么区别？结合理论分析其原因。

6）实验扩展

（1）尝试使用复杂信号完成抽样定理的验证。

将原始信号修改为"复杂信号"，即 1 kHz＋3 kHz 正弦波，自己设计思路完成抽样定理。

（2）语音信号的恢复。

将 3P2 输入信号修改为 P02（电话语音输入），尝试完成抽样定理实验，并将恢复信号在扬声器输出。通过示波器观测波形，通过扬声器听取声音，感受抽样定理的实际应用。

7）实验结束

实验结束，关闭电源，拆除信号连线，并按要求放置好实验附件和实验模块。

4. 实验报告要求

（1）记录在各种测试条件下的测试数据，分析测试点的波形、频率、电压等各项测试数据并验证抽样定理。

（2）分析表 2-6 中恢复信号的成因。

2.4.2　PCM 编译码实验

操作所需要的设备有 RZ9681 实验平台、主控模块、信源编码与复用模块 A3、100M 双通道示波器、信号连接线。

通过操作训练，理解 PCM 编译码原理及 PCM 编译码性能，熟悉 PCM 编译码专用集成芯片的功能和使用方法及各种时钟间的关系，熟悉语音数字化技术的主要指标及测量方法。

1. 实验框图

图 2-30 为 PCM 编译码的实验原理框图。

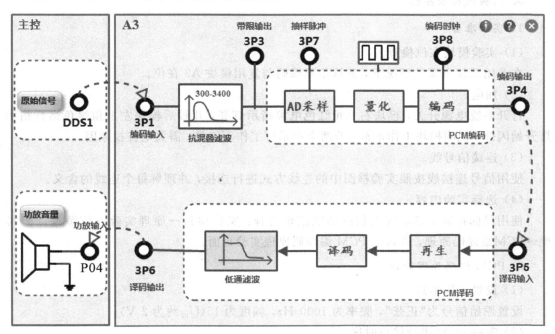

图 2-30　PCM 编译码的实验原理框图

PCM 编码原理实验由模块 A3 通过软件算法实现，模拟信号经 300～3400 Hz 带通滤波器后送入算法处理器进行模/数转换，模/数转换精度为 12 位，其 AD 采样后量化范围为 0～4095，STM32 采用查表法实现 PCM 的 A 律编码，编码数据从 3P4 输出。

将编码数据送入译码输入端 3P5，PCM 译码信号从 3P6 输出。

图 2-30 中"原始信号"按钮用于设置模拟信号的类型、频率、幅度；"功放音量"用于调节喇叭音量。

2. 各模块测量点说明

1）主控模块

（1）DDS1：模拟信号输出；

（2）P04：扬声器输入。

2）信源编码与复用模块 A3

（1）3P1：原始信号的输入铆孔；

（2）3P3：带限输出铆孔；

（3）3P4：编码输出；

（4）3P5：PCM 译码输入；

（5）3P6：模拟信号恢复输出；

（6）3P7：抽样脉冲；

（7）3P8：线路时钟。

3. 实验内容及步骤

1）实验准备

（1）实验模块在位检查。

在关闭系统电源的情况下，确认信源编码与复用模块 A3 在位。

（2）加电。

打开系统电源开关，模块右上角红色电源指示灯亮，几秒后模块左上角绿色运行指示灯开始闪烁，说明模块工作正常。若两个指示灯工作不正常，需关电查找原因。

（3）连接信号线。

使用信号连接线按照实验框图中的连线方式进行连接，并理解每个连线的含义。

（4）选择实验内容。

使用鼠标在液晶显示屏上根据功能菜单选择：实验项目→原理实验→信源编译码实验→PCM编译码原理，进入到 PCM 编译码原理实验页面。

2）PCM 编码原理验证

（1）设置工作参数。

设置原始信号为"正弦"，频率为 1000 Hz，幅度为 15（U_{pp} 约为 2 V）；

（2）观察 PCM 串行接口时序。

① 用示波器同时观测抽样脉冲信号（3P7）和输出时钟信号（3P8），观测时以 3P7 作同步。分析和掌握 PCM 编码抽样脉冲信号与输出时钟的对应关系（同步沿、脉冲宽度等）。

② 用示波器同时观测抽样脉冲信号（3P7）和编码输出信号（3P4），观测时以 3P7 作同步。分析和掌握 PCM 编码输出数据与抽样脉冲信号（数据输出与抽样脉冲沿）及输出时钟的对应关系。

（3）在液晶显示屏上观测 PCM 编码。

在液晶显示屏上观测模拟信号、抽样脉冲、量化值，并根据实验原理，计算各点对应的编码值。

通过模块 A3 的编码器选择液晶功能在"编码"按钮，单击编码器，此时显示 PCM 编码数值，与计算值进行对比，研究量化值和编码值间的对应规则，即 PCM 编码规则。

（4）观测 PCM 编码输出数据。

用示波器同时观测抽样脉冲信号（3P7）和编码输出信号（3P4），观测时以 3P7 作同步。在示波器上读出一个编码样点值，并和液晶显示屏上的相应编码数据进行比较。

注：PCM 编码数据从抽样脉冲的下沿开始，高位在前，考虑到译码采用的是将 PCM 数据偶数位反转的 TP3057 芯片，因此编码芯片（处理器）编码数据（3P4）也应偶数位反转，如量化值－1600 对应的 PCM 编码值为 01111001，反转后 3TP4 输出为 00101100。

3）PCM 译码观测

用导线连接 3P4 和 3P5，此时将 PCM 输出编码数据直接送入本地译码器，构成自环。用示波器同时观测输入模拟信号 3P1 和译码器输出信号 3P6，观测信号时以 3P1 作同步。定性地观测解码信号与输入信号（f_i 为 1000 Hz，$U_{pp} = 2$ V）的关系，包括信号质量、电平、延时等。

4）PCM 频率响应测量

将测试信号电平固定在 $U_{pp} = 2$ V，调整测试信号频率，定性地观测译码恢复出的模拟信号电平。观测输出信号电平相对变化随输入信号频率变化的相对关系，用点频法测量。测量频率范围为 250～4000 Hz。

5）PCM 译码失真测量

将测试信号频率固定在 1000 Hz，改变测试信号电平（输入信号的最大幅度为 5 V。），用示波器定性地观测译码恢复出的模拟信号质量（通过示波器对比编码前和译码后信号波形平滑度）。

6）PCM 编译码系统增益测量

DDS1 产生一个频率为 1000 Hz、峰峰电平为 2 V 的正弦波测试信号送入信号测试端口 3P1。用示波器（或电平表）测输出信号端口（3P6）的电平。将收发电平的倍数（增益）换算为 dB 表示。

7）实验结束

实验结束，关闭电源，拆除信号连线，并按要求放置好实验附件和实验模块。

4. 实验报告要求

（1）定性描述 PCM 编译码的特性、编码规则，并填入表 2－7。

表 2-7　PCM 编码记录表

频率：1000 Hz 幅度：2 V（峰峰值）	样点 1	样点 2	样点 3	样点 4	样点 5	样点 6	样点 7	样点 8
量化值								
编码值								
3P4 输出值								

（2）描述 PCM 编码串行同步接口的时序关系。

（3）画出 PCM 的频响特性，并填入表 2-8。

表 2-8　频响特性测试记录表

输入频率/Hz	200	500	800	1000	2000	3000	3400	3600
输出幅度/V								

（4）画出 PCM 的动态范围，并填入表 2-9。

表 2-9　动态范围测试记录表

输入幅度/V	0.001	0.01	0.1	1	2	3	4	5
输出幅度								

（5）自拟测量方案，测量 PCM 的群时延特性，并填入表 2-10。

表 2-10　群时延特性测试记录表

输入频率/Hz	300	500	1000	1500	2000	3000	3100	3400
延时/μs								

（6）输入信号为 0 V 时，PCM 编码数据是多少？为什么？

2.4.3　CVSD 编译码实验

操作所需要的设备有 RZ9681 实验平台、主控模块、信源编码与复用模块 A3、信源译码与解复用模块 A6、100M 双通道示波器、信号连接线。

通过操作训练，理解语音信号增量调制编译码的工作原理，掌握增量调制编译码器的软件调整测试方法，熟悉语音数字化技术的主要指标及测量方法。

1. 实验框图

CVSD 编码通过模块 A3 实现，模块接收从 3P1 输入的模拟信号，信号经 300～3400 Hz 带通滤波器后送入 AD 采集单元进行模/数转换，转换后进行 CVSD 编码。模块通过编程实现 CVSD 编码算法。在编码时，通过 3P6 输出本地译码，通过 3P8 输出本地编码时钟，通过 3P4 输出编码输出。其中，编码时钟可以通过"编码时钟"按钮修改为 16 kHz、32 kHz、64 kHz；初始编码量阶可通过"编码量阶"按钮修改，共 4 个量阶可以修改。编码过程中编码量阶会根据信号进行自适应变化。

将编码数据送入模块 A6 的译码输入端 6P9，CVSD 译码数据从 6P4 输出。在对编码模块进行"时钟"和"量阶"设置时，会同时修改译码模块工作参数。CVSD 编译码的实验原理框图如图 2-31 所示。图中"原始信号"按钮用于设置模拟信号的类型、频率、幅度；"功放音量"用于调节喇叭音量。

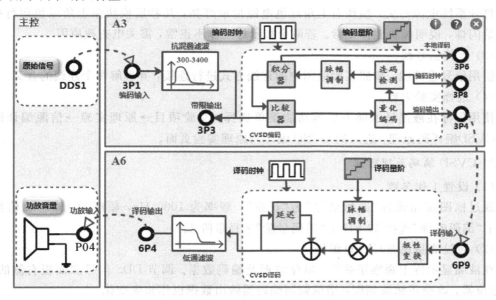

图 2-31　CVSD 编译码的实验原理框图

2. 各模块测量点说明

1）主控模块

（1）DDS1：模拟信号输出；

（2）P04：扬声器输入。

2）信源编码与复用模块 A3

（1）3P1：原始信号的输入铆孔；

（2）3P3：带限输出铆孔；

（3）3P4：编码输出；

（4）3P6：本地译码输出；

（5）3P8：CVSD 编码时钟。

3）信源译码与解复用模块 A6

（1）6P9：CVSD 译码数据输入；

（2）6P4：CVSD 译码模拟恢复输出。

3. 实验内容及步骤

1) 实验准备

（1）实验模块在位检查。

在关闭系统电源的情况下，确认信源编码与复用模块 A3、信源译码与解复用模块 A6 在位。

（2）加电。

打开系统电源开关，模块右上角红色电源指示灯亮，几秒后模块左上角绿色运行指示灯开始闪烁，说明模块工作正常。若两个指示灯工作不正常，需关电查找原因。

（3）连接信号线。

使用信号连接线，按照实验框图中的连线方式进行连接，并理解每个连线的含义。

（4）选择实验内容。

使用鼠标在液晶显示屏上根据功能菜单选择：实验项目→原理实验→信源编译码实验→CVSD编译码原理，进入到 CVSD 编译码原理实验页面。

2) CVSD 编码原理验证

（1）设置工作参数。

通过框图按钮设置"原始信号"为"正弦"，频率为 1000 Hz，幅度为 15（峰峰值约为 2 V）；"编码时钟"选择 32 kHz；"编码量阶"选择量阶 4。

（2）通过液晶观测 CVSD 编码。

在液晶显示屏上观察正弦波、量化波形及编码数据。调节 DDS 信号源面板右侧的"幅度"电位器，改变正弦波幅度，增量调制编码器输出数据也作相应变化。

（3）通过示波器观测 CVSD 编码。

双通道示波器探头分别接在测量点 3P1 和 3P4，观察正弦波及增量调制编码器输出数据。调节"中控模块"幅度电位器，改变正弦波幅度，增量调制编码器输出数据也作相应变化。严重过载量化失真时，增量调制编码器输出交替的长连"1"码或长连"0"码。在出现三连"0"或三连"1"时，编码量阶会进行自适应调整，由于量阶变化范围很小，因此不容易观测到该现象。

若"编码量阶"选择为量阶 1，则调整原始信号电平为 0，观察编码起始电平。若修改编码初始量阶为量阶 2、3、4，则重新观测编码起始电平。逐渐增加信号电平，观察起始电平变化及编码输出。

（4）CVSD 过载观测。

正常情况下，增量调制本地译码信号和原始信号会有"跟随效果"，即原始信号和本地译码信号会有同样的变化规律。但是当量阶过小，或者本地信号幅度变化太快时，则会出现本地译码跟随不了原始信号的情况，即过载量化失真。在实验中，尝试逐渐增大原始信号的幅度，观察过载量化失真现象。观察过载量化失真时，增量调制编码器会输出交替的长连"1"、长连"0"码。

① 选择"原始信号"为"正弦"，频率为 1000 Hz，用示波器测量本地译码器的输出波形。调节输入信号的幅度由小到大，记录使译码器输出波形失真时的临界过载电压幅值 A_{max}。

② 改变输入信号的频率 f，分别取 $f=400$ Hz、800 Hz、1200 Hz、1600 Hz、2000 Hz、2400 Hz、2800 Hz、3000 Hz、3400 Hz，列表记下相应的临界过载电平幅值 A_{max}，如表 2-11 所示。

表 2-11　临界过载电平测试记录表

临界过载电平　　输入信号频率/Hz 时钟速率/kHz	400	800	1200	1600	2000	2400	2800	3000	3400
64									
32									

3）CVSD 译码观测

用示波器双通道分别观测编码前信号 3P1 和译码后恢复信号 6P4，对比编码前和译码后波形。调整 DDS1 信号波形的频率、幅度，观察译码恢复信号的变化。

4）CVSD 量化噪声观测

用示波器一个通道观测输入模拟信号 3P1，用另一个通道观测本地量化输出 3P6。用示波器相减功能比较下列条件下的量化噪声：

（1）编码时钟频率分别为 16 kHz、32 kHz、64 kHz；

（2）信号幅度分别为 1 V（峰峰值）和 2 V（峰峰值）；

（3）信号频率分别为 400 Hz、1 kHz、2 kHz；

（4）量化台阶分别为量阶 1、量阶 4。

5）CVSD 编码时钟对编码系统的影响

（1）CVSD 编译码共有 3 个编码时钟频率可选：16 kHz、32 kHz、64 kHz。设置"原始信号"为"正弦"，频率为 1000 Hz，幅度为 15（峰峰值约为 2 V）；通过修改框图上的"编码时钟"按钮，分别选择 16 kHz、32 kHz、64 kHz，对比分析不同编码时钟频率下编码数据和译码恢复信号的差别。

（2）有时间的同学可以在不同的编译码时钟频率下，重新完成上面实验步骤的操作，深入分析编译码时钟对增量调制编码质量的影响。

6）编码量阶对编译码系统的影响

（1）CVSD 编译码共有 4 个编译码量阶可选：量阶 1、量阶 2、量阶 3、量阶 4。在同等条件下，通过修改框图上的"编码量阶"按钮，分别选择量阶 1、量阶 2、量阶 3、量阶 4，对比分析不同量阶下，编码数据和译码恢复信号的差别。

（2）有时间的同学可以在不同的编译码量阶下，重新完成上面实验步骤的操作，深入分析编译码量阶对增量调制编码质量的影响。

7）增量调制编译码系统频率响应测量

（1）3P1 端加入频率为 1000 Hz、幅度为 15（峰峰值约为 2 V）的正弦波，用导线连接

3P4 和 6P9，双通道示波器探头分别接在测量点 3P1 和 6P4，观察输入正弦波及译码恢复正弦波是否有明显失真。

(2) 改变 DDS1 频率，测量频率范围为 250～4000 Hz，如表 2 - 12 所示。

表 2 - 12　系统频率响应

输入频率/Hz	250	500	800	1000	2000	3000	3400	4000
输入幅度（峰峰值）/V	2	2	2	2	2	2	2	2
输出幅度/V								

8) 系统最大信噪比的测量

设置"原始信号"为"正弦"，频率为 1000 Hz，用示波器观察比较"译码输出"与"编码输入"的波形，在编码器临界过载的情况下，测量系统的最大信噪比，如表 2 - 13 所示。

表 2 - 13　系统的最大信噪比

测量结果　　　　编码电平　　　　编码时钟频率	A_{m0}(V)失真度/%	$[S/N_q]_{max}$/dB
64 kHz		
32 kHz		

实际工作时，通常采用失真度仪来测量最大信号量化噪声比。因为失真度与信噪比互为倒数，所以当用失真度仪测出失真度值为 x 时，取其倒数 $1/x$ 即为信噪比，即失真度 $= x$，则 $S/N_q = 1/x$ 或 $(S/N_q) = 20\lg(1/x)\mathrm{dB}$。

9) 实验结束

实验结束，关闭电源，拆除信号连线，并按要求放置好实验附件和实验模块。

4. 实验报告要求

(1) 分别画出输入信号频率为 1000 Hz 和 2000 Hz，幅度分别为 1 V（峰峰值）和 2 V（峰峰值）时，液晶界面量化台阶信号，并作简要叙述。

(2) 分析实验中量化噪声大小和编码条件（编码时钟、编码量阶）间的关系。

(3) 分析 PCM 和 CVSD 两种编码数据串行传输时，译码端对时序的要求。

本 章 小 结

本章主要讨论信源编码的问题。信源编码的主要任务就是模拟信号数字化处理，模拟信号数字化是数字通信的基础，现实生活中的信源大多是模拟信源，如声音、图像等。

模拟信号数字化最常用的方法是脉冲编码调制（PCM），它的基本步骤分三步，即抽样、量化和编码。

　　抽样就是对模拟信号进行时间离散化处理的过程，该过程必须严格遵循抽样定理。根据被取样的信号是低通型还是带通型，抽样定理可分为低通信号的抽样定理和带通信号的抽样定理。

　　量化是把抽样后的样值信号幅度进行离散化处理，即转换成数字值。量化方法有多种，归纳起来有两类：一类是均匀量化，量化时采用相等的量化间隔；另一类是非均匀量化，量化时采用不相等的量化间隔，即小信号时，采用小量化间隔；大信号时，采用大量化间隔。采用的量化方法不同，量化后的数据量也就不同，我国采用 A 律 13 折线的压扩技术。

　　编码是将量化得到的 PAM 信号用二进制码来表示。实际中，编码一般采用 7～8 位编码，通信质量就可以达到良好了。我国采用的是 A 律 13 折线编码技术，对每个样值编 8 位码，它们分别是一位极性码、三位段落码和四位段内码，常用的是逐次比较型编码器。

　　为了提高信道的利用率，应尽量降低传输的数码率，即压缩编码。压缩编码主要是在保证通信质量的前提条件下降低数码率。本章主要介绍差值脉冲编码调制（DPCM）、自适应差值脉冲编码调制（ADPCM）、增量调制（ΔM）等编码技术。

　　DPCM 是通过传输样值的差值来降低数码率的，在 DPCM 的基础上发展起来的自适应差值脉冲编码技术带有自适应系统，能根据输入信号的大小，自动调节量化间隔和预测系数的大小，提高压缩编码的质量。它可以将 PCM 技术中 64 kb/s 的数码率降低到 32 kb/s。

　　增量调制（ΔM）是 DPCM 的一个特例，传输的是信号样值的差值，但是不对差值的大小进行编码，而是对差值的符号进行编码，表示此刻的样值在前一时刻抽样值的基础上是增大还是减小，所以只用一位二进制编码。若此刻的样值在前一时刻抽样值的基础上是增加的，则编一位"1"码；若此刻的样值在前一时刻抽样值的基础上是减小的，则编一位"0"码。

　　压缩编码在通信中直接影响传输所占的带宽，而传输所占的带宽又直接反映了通信的有效性。

课 后 练 习

一、填空题

1. PCM 系统发送端的功能是（　　　　　　　），主要包括（　　）、（　　　）、（　　　）。

2. PCM 系统接收端的功能是（　　　　　　　），主要步骤是（　　　　　）和（　　　）。

3. 抽样是将模拟信号在（　　　　　）进行离散化的过程。

4. 量化是将模拟信号在（　　　　　）进行离散化的过程。

5. PCM 系统中再生中继器的作用是（　　　　　　　　　　　　　　　）。

6. 按抽样脉冲及处理方式不同，抽样分为（　　　　）、（　　　）、（　　　　　）。

7. 抽样后的样值信号频谱包含（　　）和（　　　　　　）。

8. 设信号最低频率为 f_L，最高频率为 f_H，则带宽为（　　），低通型信号的带宽与频率的关系是（　　　），带通型信号的带宽与频率的关系是（　　　　　）。

9. 模拟信号的频谱为 0～5000 Hz 时，抽样频率最小值是（　　　　　　　　）。

10. 话音信号的频率限制在（　　　　）范围，抽样频率通常取（　　　　　　）。

11. 按量化间隔划分不同，量化可分为（　　　　　　）和（　　　）。

12. 当量化值取最小值时，在量化区量化误差的绝对值（　　　　　）。在过载区量化误差（　　　　　）。

13. 量化级数越（　　　），量化间隔越（　　　），量化误差越（　　　）。

14. 在 $0 \leqslant |x| \leqslant \dfrac{1}{A}$ 范围，A 律压缩特性为（　　　　）。

15. 采用 A 律 13 折线编码时，8 位 PCM 码包括（　　　　）和（　　　　）。

16. A 律 13 折线编码方法第 6 段的起始电平是（　　　），量化间隔是（　　　）。

17. 某抽样值为 -1270Δ，按照 A 律 13 折线编 8 位 PCM 码，则极性码为（　　），段落码为（　　　），段内码为（　　　　）。

18. 若模拟信号幅度值为 0，则对应的 8 位 PCM 码为（　　　　）。

19. 7 位非线性码为 1110110，对应的 11 线位性码是（　　　　　）。

20. 一般人们把编码后码速率低于（　　　）的编码方式称为语音压缩编码。

二、判断题

1. 量化误差是信号量化时产生的，永远无法消除。（　　　）

2. 量化误差越大，量化信噪比越大，量化性能越好。（　　　）

3. 抽样后的样值信号时间离散，幅度连续，所以仍是模拟信号。（　　　）

4. 均匀量化信噪比与信号大小成正比，与量化间隔数成反比。（　　　）

5. 采用相同的编码位数，非均匀量化比均匀量化好。（　　　）

6. 均匀量化的输出 $u_o(t)$ 与输入 $u_i(t)$ 之间的关系是一个非均匀的阶梯关系。（　　　）

7. 任意模拟信号采用 A 律 13 折线编码时，I_{R2} 都为 128Δ。（　　　）

8. 采用 A 律 13 折线编码方法时，量化误差 $|e_i(t)| \leqslant \Delta_i/2$。（　　　）

9. 采用 DPCM 编码，能在 32 kb/s 数码率的条件下达到符合 64 kb/s 数码率的语音质量。（　　　）

10. 增量调制编码每次取样只编一位码，这一位编码表示抽样幅度的增量。（　　　）

三、选择题

1. 下列信号中属于模拟信号的是（　　　）。

A. 抽样后的 PAM 信号　　　　　　　B. 量化后的 PAM 信号

C. 解码后的 PAM 信号　　　　　　　D. 编码后的 PCM 信号

2. 根据抽样定理，对低通型模拟信号进行抽样的抽样频率 f_s 与模拟信号的最高频率 f_H 的关系是（　　　）。

A. $f_s < 2f_H$　　　　B. $f_s = 2f_H$　　　　C. $f_s > 2f_H$　　　　D. $f_s \geqslant 2f_H$

3. 非均匀量化与均匀量化相比（　　　）。

A. 小信号量化信噪比降低　　　　　　B. 大信号量化信噪比提高

C. 小信号量化信噪比提高　　　　　　D. 大信号量化信噪比降低

4. A 律 13 折线中第 5 段折线的斜率是（　　　）。

A. 16　　　　　　　B. 4　　　　　　　C. 2　　　　　　　D. 1

5. 对于 -40 dB 的语音信号，采用 A 律 13 折线压缩特性进行非均匀量化时，信噪比的改善量是（　　　）dB。

A. 24　　　　　　　B. 18　　　　　　　C. 6　　　　　　　D. 12

6. 采用 A 律 13 折线编码，已编幅度码输出为 1010，则下一次的判断参考值为（ ）。

A. 128Δ B. 160Δ C. 192Δ D. 320Δ

7. 若接收到的 PCM 信号为 10110101，则解码后的样值为（ ）。

A. 86Δ B. 181Δ C. 168Δ D. 42Δ

四、计算题

1. 载波电话信号的频带范围是 $60\sim108\ \mathrm{kHz}$，试求抽样频率范围及一般取值。

2. 采用 A 律 13 折线编码，设最小量化间隔为 Δ，已知抽样脉冲值为 $+870\Delta$。

（1）试求 8 位非线性编码输出，并求发送端的量化误差。

（2）接收端解码输出信号是何值？接收端的量化误差是多少？

第3章 复用与复接

本章主要介绍多路复用的概念和种类、频分多路复用和时分多路复用的基本原理、统计时分多路复用的基本原理和帧结构、数字复接技术等。

通过本章的学习，应理解多路复用的概念，掌握时分多路复用技术的基本原理，了解其他多路复用技术的基本概念。

3.1 多路复用的概念和种类

为了提高通信信道的利用率，现代通信系统中常采用多路复用技术，将多路信号同时沿同一媒介互不干扰地传输。

3.1.1 多路复用的概念

多路复用技术就是一种将若干个输入信号按照一定的方法和规则合并成一路信号输出，并在一条公用信道上进行传输，到达接收端后再进行分离的技术。它包括复合、传输、分离三个过程。多路复用技术的原理框图如图 3-1 所示。

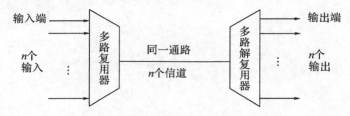

图 3-1 多路复用技术的原理框图

图 3-1 中各部分功能如下。

（1）多路复用器：在发送端将 n 个输入信号组合成一个单独的传输流。

（2）多路解复用器：在接收端将传输流接收并分解成原来的 n 个独立信号流，送给对应的接收设备。

（3）通路：指一条物理链路。

（4）信道：指通路中用来完成一路信号传输的单位，也称通道。一条通路可以有多条信道。

3.1.2　多路复用的种类

目前常用的多路复用技术有频分多路复用（FDM）、时分多路复用（TDM）、码分多路复用（CDM）、波分多路复用（WDM）及统计时分多路复用（STDM）。

1. 频分多路复用

频分多路复用是以频率为标记，多路信号各占不同的频段进行传输，但在时间上各路信号是重叠的。发送端通过调制电路完成频率的搬移，接收端按频段不同用滤波器将各路信号分开。一条同轴电缆同时传输 80 多套电视节目就是频分多路复用技术应用的实例。频分多路复用技术主要用于模拟通信系统，频分多路复用示意图如图 3-2(a)所示。

2. 时分多路复用

时分多路复用是以时间为标记，不同信号占不同的时间片，但在频域上各路信号可以处于同一频段内。发送端通过抽样门电路来分配时间片，接收端通过分路门电路将各路信号分开，从而完成多路通信。时分多路复用技术主要用于数字通信系统，时分多路复用示意图如图 3-2(b)所示。

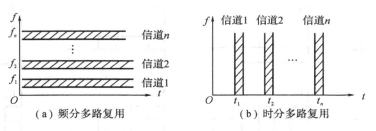

图 3-2　多路复用原理

3. 码分多路复用

码分多路复用是以码组为标记，发送端用各不相同的、相互（准）正交的扩频码调制发送信号，接收端利用码型正交性，通过解扩，从混合信号中解调出相应的信号。码分多路复用原理如图 3-3 所示。

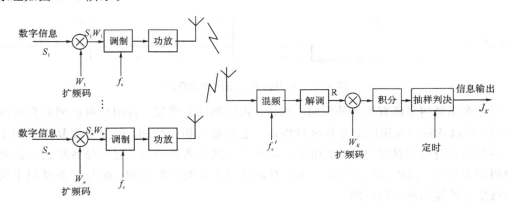

图 3-3　码分多路复用原理

设发送端有 n 个用户，它们发送的信息数据和其对应的扩频码相乘（即模 2 加）后，对载波进行调制，然后经过功率放大器从天线辐射。接收端首先将信号解调，恢复出所有扩频码与相应信息码相乘的数字基带信号之和，然后将本地产生的用户扩频码与该信号相乘，就能还原该路的原始数据信息。

下面以 4 个用户为例，阐述码分多路复用的原理。为叙述和作图方便，假设系统同步（码分多路复用不一定要求同步），并忽略噪声影响。由于调制与解调完成信号的透明传输，因此接收端 R 处的解调信号为 $S_1W_1+S_2W_2+S_3W_3+S_4W_4$。将本地用户扩频码与该信号相乘，若本地用户扩频码为 W_2，则得到 $S_1W_1W_2+S_2W_2^2+S_3W_3W_2+S_4W_4W_2$，由于 W_1、W_2、W_3、W_4 正交，因此

$$W_1W_2=W_3W_2=W_4W_2=0,\quad W_2^2=1$$

所以

$$J_2=S_1W_1W_2+S_2W_2^2+S_3W_3W_2+S_4W_4W_2=S_2$$

由此，可从混合信号中解调出所需的信号。

上述 4 个用户的码分多路复用过程也可用波形图 3-4 表示。

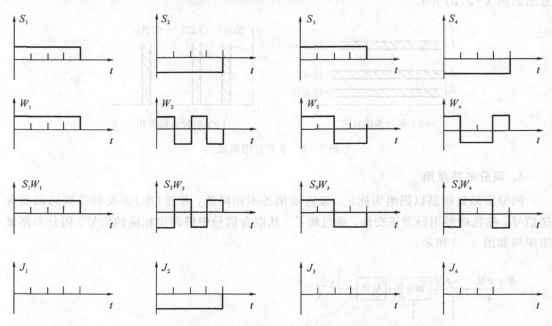

图 3-4　码分多路复用过程示意图

码分多路复用是所有用户使用同一载波，占用相同的带宽，各用户可以同时发送或接收信号，所以各用户发送的信号在时间和频率上都是互相重叠的。码分多路复用不同于频分多路复用和时分多路复用，不能用滤波和定时来区分各路信号，它区分各路信号是利用扩频码的正交性。因此，码分多路复用的路数取决于正交码的个数。码分多路复用主要用于无线信号传输和有线局域网。

4. 波分多路复用

波分多路复用是光纤通信中常用的复用技术，多路信号以波长为标记，不同信号使用

不同的波长在同一根光纤中互不干扰地传输，发送端通过合波器完成合路功能，接收端采用分波器来分离信号。波分多路复用系统原理如图 3-5 所示。

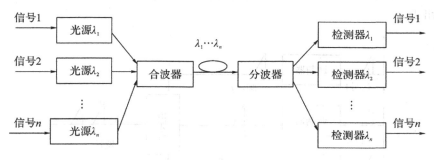

图 3-5 波分多路复用原理

3.2 频分多路复用(FDM)

频分多路复用(FDM)是指按照频率的不同来复用多路信号的技术。下面介绍频分多路复用的基本原理及相关特点。

3.2.1 频分多路复用的基本原理

图 3-6 显示了频分多路复用的原理图，多路模拟信号经过 FDM 过程到达同一传输媒介上。各路信号先被载波经调制器进行调制，接着将调制的模拟信号叠加起来，由此而产生了复合信号。每一路信号的频谱被搬迁到了以 f_i 为中心的位置上。为了实现这种机制，必须选择不同的载波频率 f_i，以使不同信号的带宽之间不会有重叠，否则就不可能恢复原始信号。在接收端，复合信号先通过以 f_i 为中心的带通滤波器被分离成多路状态，然后经过解调器后恢复为原始多路信号。

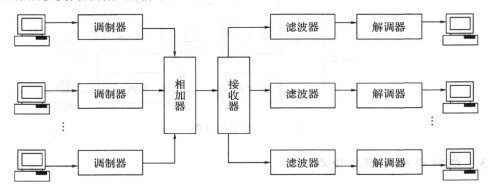

图 3-6 频分多路复用原理

3.2.2 频分多路复用的处理过程

1. 复用过程

频分多路复用是一个模拟过程，多用于模拟信号的传输。图 3-7 说明了如何使用 FDM 将 3 个广播信号通道复用在一起。

每个广播信号的频率范围都是相近的。在复用器中，这些相似的信号被调制到不同的载波频率（f_1，f_2，f_3）上。然后，将调制后的信号合成为一个复用信号并通过宽频带的传输媒介传送出去。

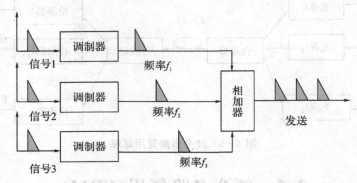

图 3-7 复用过程

注意图 3-7 中水平坐标轴表示频率，而不是时间。另外，调制后的复合信号带宽要大于每个输入信号带宽的 3 倍，因为通道之间要有相应的保护频带。保护频带的宽度是根据 CCITT 的有关建议选定的。

2. 解复用过程

解复用过程是复用过程的逆过程。解复用器采用滤波器将复合信号分解成各个独立信号。然后，每个信号再被送往解调器将它们与载波信号分离。最后，将传输信号送给接收方处理。图 3-8 显示了解复用过程。

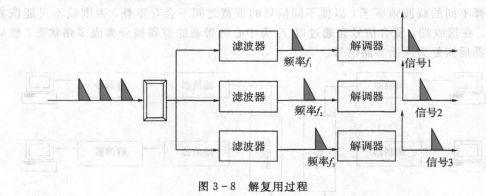

图 3-8 解复用过程

3.2.3 频分多路复用的特点

1. FDM 的优点

（1）系统效率较高，充分利用了传输媒介的带宽；

（2）技术比较成熟，实现起来比较容易。

2. FDM 的缺点

（1）信道的非线性失真会造成严重的串音和交叉调制的干扰；

（2）载波量大，设备随着输入信号的增多而增多，设备繁杂，不易小型化；

(3) 本身不提供差错控制功能，不便于性能监测。

因此，在实际的应用系统中，频分多路复用技术适用于传输模拟信号的频分制信道，主要用于无线广播、移动通信和有线电视(CATV)。

3.3 时分多路复用(TDM)

时分多路复用(TDM)是以时间作为信号分隔的参量，即多路信号在时间位置上是分开的，但它们所占用的频带是重叠的。

3.3.1 时分多路复用的基本原理

时分多路复用是通过各路信号在信道上占有不同的时间间隙来进行通信。由抽样定理可知，抽样是将时间上连续的模拟信号变成时间上离散的模拟信号，即空出一些时间间隔，留给其他通路传送信息。这样在时间上达到互相分开、互不干扰的目的。

下面以话音信号为例来说明时分多路复用过程，原理图如图 3-9 所示。

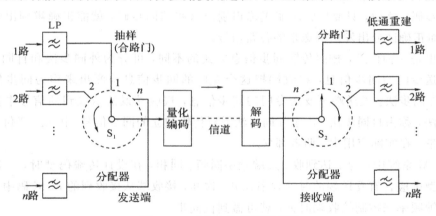

图 3-9 时分多路复用原理图

各路话音信号分别经低通滤波器 LP，将频带限制在 3400 Hz 以内，以防止产生折叠噪声。然后，分别接入快速旋转的电子开关 S_1，开关不断重复地做匀速旋转，每旋转一周的时间等于抽样周期 T_s，这就达到对每一路信号每隔 T_s 时间抽样的目的。可见，发送端抽样门不仅起到抽样的作用，同时还起到复用合路的作用。合路后的 PAM 信号送到编码器进行量化、编码，然后送往信道，传送到对方。在接收端将从发送端送来的各路 PCM 信号进行解码，还原后的 PAM 信号由接收端旋转开关 S_2 依次送入每一路。分路后的 PAM 信号再分别经低通滤波器重建每路话音信号。接收端的分路门起到分路作用。

要注意的是，为保证正常通信，收、发端旋转开关 S_1 与 S_2 必须同频、同相。同频是指 S_1 与 S_2 的旋转速度要完全相同；同相是指发送端旋转开关 S_1 连接第一路信号时，接收端旋转开关 S_2 也必须连接第一路，否则接收端将收不到本路信号，为此要求收、发双方必须保持严格的同步，这样才能保证收、发话路是一一对应的，不至于造成干扰和串话。

下面介绍几个基本概念。

（1）帧：由多路复用原理可知，帧指的是所有信号抽样一次所对应的总时间（即开关旋转一周的时间），也就是一个抽样周期 $t_F = T$。

（2）路时隙：指合路的 PAM 信号每个样值所允许的时间间隔 t_c，$t_c = T/n$，其中 n 是输入的路数。

（3）位时隙：指 1 位码占用的时间 t_B，$t_B = t_C/l$，其中 l 是每个样值编码的位数。

3.3.2　时分多路复用中的同步技术

时分多路复用中的同步技术主要包括位同步（时钟同步）和帧同步，这是数字通信的又一个重要特点。

位同步是最基本的同步，是实现帧同步的前提。位同步的基本含义是收、发两端的时钟频率必须同频、同相，这样接收端才能正确接收和判决发送端送来的每一个码元。

帧同步是为了保证收、发两端各对应的话路在时间上保持一致，这样接收端就能正确接收发送端送来的每一个话路信号，当然这必须是在位同步的前提下实现。

为了建立收、发系统的帧同步，需要在每一帧（或几帧）中的固定位置插入具有特殊码型的帧同步码。这样，只要接收端能正确识别出这些帧同步码，就能正确辨别出每一帧的首尾，从而正确区分出发送端送来的各路信号。

同步也是一种信息，按照传输同步信息方式的不同，可分为外同步法和自同步法。由发送端发送专门的同步信息，接收端把这个专门的同步信息检测出来作为同步信号的方法，称为外同步法。发送端不发送专门的同步信息，接收端设法从收到的信号中提取同步信息的方法，称为自同步法。由于外同步法需要传输独立的同步信号，因此，要付出额外的功率和频带。在实际应用中，两者都采用。

在 PCM 系统中，为了达到收、发端频率同频、同相，在设计传输码型时，一般要考虑传输的码型中应含有发送端的时钟频率成分。这样，接收端从接收到的 PCM 码中提取出发送端的时钟频率来控制接收端时钟，就可做到位同步。

同步系统性能的降低，会直接导致通信质量的降低，甚至使通信系统不能工作。可以说，在同步通信系统中，"同步"是进行信息传输的前提。同步技术的优劣，主要由以下四项指标来衡量，好的同步技术也应具备以下几点：同步误差小，相位抖动小，同步建立时间短，同步保持时间长。因此，在通信同步系统中，要求同步信息传输的可靠性高于信号传输的可靠性。

3.3.3　PCM 系统帧结构

对于多路数字电话系统，国际上已建议的有两种标准化制式，即 PCM 30/32 路（A 律压扩特性）制式和 PCM 24 路（μ 律压扩特性）制式，并规定国际通信时，以 A 律压扩特性为准，凡是两种制式的转换，其设备接口均由采用 μ 律特性的国家负责解决。

1. PCM 30/32 路系统帧结构

PCM 30/32 路系统帧结构反映了在一个取样周期 T_s 时间内各路信号的时分复用情况。我国采用的就是 PCM 30/32 路系统帧结构，如图 3-10 所示。

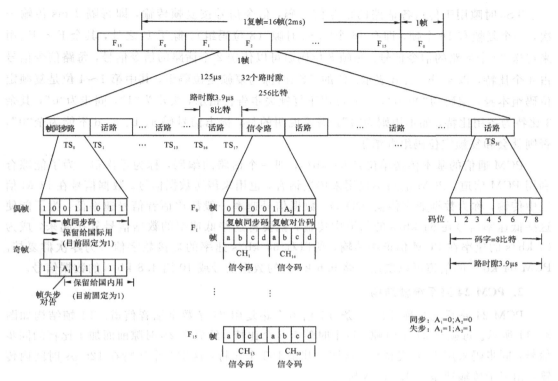

图 3-10　PCM 30/32 系统帧结构

从图 3-10 中可以看到，在 PCM 30/32 路制式中，一个复帧由 16 帧组成，一帧由 32 个路时隙组成，一个路时隙包括 8 位码。$TS_1 \sim TS_{15}$、$TS_{17} \sim TS_{31}$ 共 30 个时隙为话路时隙，用来传送 30 个话路的话音信号；TS_0 时隙为帧同步时隙，用来传送帧同步码和监视告警码；TS_{16} 时隙为信令时隙，用来传送 30 个话路的信令信号码。

从时间上讲，由于抽样重复频率为 8000 Hz，因此，抽样周期为 125 μs，这也就是 PCM 30/32 的帧周期；一帧内要时分复用 32 路，则每路占用的时隙为 3.9 μs；每时隙包含 8 位码组，因此，每位码元占 488 ns。

从传码率上讲，也就是每秒钟能传送 8000 帧，而每帧包含 32×8＝256 bit，因此，总码率为 256 bit/帧×8000 帧/s＝2048 kb/s。对于每个话路来说，每秒钟要传输 8000 个时隙，每个时隙为 8 bit，所以每个话路数字化后信息传输速率为 8×8000＝64 kb/s。

从时隙比特分配上讲，在话路时隙中，第 1 比特为极性码，第 2～4 比特为段落码，第 5～8 比特为段内码。

为了使收、发两端严格同步，每帧 TS_0 时隙都要传送一组特定标志的帧同步码组或监视码组。TS_0 时隙比特分配是：偶帧 TS_0 的第 2～8 位码传送帧同步码组"0011011"，第 1 比特供国际通信用，不使用时发送"1"码；在奇帧中，第 3 位为帧失步告警用，同步时发送"0"码，失步时发送"1"码；为避免奇帧 TS_0 的第 2～8 位码出现假同步码组，第 2 位码规定为监视码，固定为"1"，第 4～8 位码为国内通信用，目前暂定为"1"。

TS₁₆时隙用于传送各话路的信令信号码，信令信号按复帧传输，即每隔 2 ms 传输一次，一个复帧有 16 个帧，即有 16 个"TS₁₆时隙"（8 位码组）。除了 F₀ 之外，其余 F₁~F₁₅ 用来传送 30 个话路的信令信号。每帧 8 位码组可以传送 2 个话路的信令信号，每路信令信号占 4 个比特，以 a、b、c、d 表示。F₀ 的 TS₁₆时隙为复帧定位码组，其中第 1~4 位是复帧定位码组本身，编码为"0000"，第 6 位用于复帧失步告警指示，失步为"1"，同步为"0"，其余 3 比特为备用比特，如不用则为"1"。需要说明的是，标志信号码 a、b、c、d 不能为全"0"，否则就会和复帧定位码组混淆了。

PCM 通信的基本传送单位是 64 kb/s，即一个话路的编码，称为零次群。为了能综合利用 PCM 信道，PCM 话路不仅用来传送话音，也用来传送数据信号。数据信号在 PCM 信道中传输，称为数据数字传输（DDN）。数据信号速率一般都比话音信号速率低，为了能使这些低速率信号在 64 kb/s 的信道中传输，就要将这些低速率的数据信号复接起来，成为 64 kb/s 的速率在 PCM 信道中传输，所以称 64 kb/s 速率的复接数字信号为零次群复接。PCM 64 kb/s 的信道可以复用 5 路 9.6 kb/s 的数据信号或 10 路 4.8 kb/s 的数据信号。

2. PCM 24 路系统帧结构

PCM 24 路系统又称 T1。一条 T1 信道多路复用 24 条数字话音信道。T1 帧结构如图 3-11 所示。每帧有 24 个时隙，每个时隙有 8 个比特，然后在 24 时隙前面加 1 比特的同步信号，同步码采用 1、0 交替型，这样一共是 193 个比特，这 193 个比特在 125 μs 时间内传输，相当于传输速率为 1.544 Mb/s。

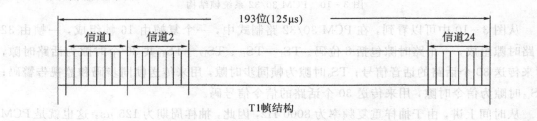

图 3-11 PCM 24 路系统帧结构

PCM 24 路系统重要参数如下：

（1）每秒钟传送 8000 帧，每帧 125 μs；

（2）12 帧组成 1 复帧（用于同步）；

（3）每帧由 24 个时间片（信道）和 1 位同步位组成；

（4）每个信道每次传送 8 位代码，1 帧有 24×8+1=193 bit；

（5）数据传输率为 8000×193=1544 kb/s；

（6）每一个话路的数据传输率为 8000×8=64 kb/s。

3.4 统计时分多路复用(STDM)

3.4.1 统计时分多路复用技术

在时分多路复用系统中，每帧的时隙都采用固定分配的方案，当某些设备没有数据传送时,所分配的时隙就空闲下来,浪费了系统资源。为了提高时隙利用率,一般采用按需分配时隙的技术,即动态分配时隙的技术,这种技术称为统计时分多路复用(STDM)技术。

1. 基本原理

在统计时分多路复用系统中,复用器一侧接低速输入线路,每一条低速线路都有一个与之相联系的缓冲区,另一侧是高速复用线路。复用器扫描各个输入信号,输入设备有数据传送就分配时间片,没有数据传送则继续扫描下一条线路而不分配时间片,循环往复直到扫描完所有的输入线路。将输入数据组成 STDM 帧,由于每条输入线路并非一直有数据输入,因此 STDM 帧的时隙数通常总小于各条低速线路的总和,STDM 利用同样速率的数据链路,可比 TDM 复接更多的低速线路。

STDM 帧的长度可以不固定,同时时间片的位置也不是固定不变的,接收端要正确分离各路数据,就必须使每一路时隙都带有地址信息。

2. 帧结构

统计时分多路复用的帧结构如图 3-12 所示。在统计时分多路复用的帧结构中,统计复用子帧中有两种格式:每帧一源的格式和每帧多源的格式。

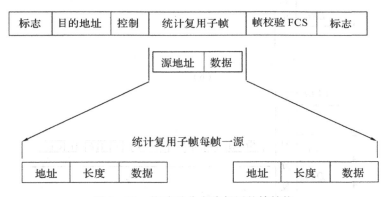

图 3-12　统计时分多路复用的帧结构

每帧一源的格式:帧中只包含一个数据源的数据及其地址信息。

每帧多源的格式:帧中包含多个数据源的数据及其地址信息。

使用相对寻址的方法就可以减少地址字段和长度字段的长度。该方法中每个地址表示的是当前数据源相对于前一个数据源的编号,数据源的总数为模,字段长度中的数值表示字节数。

3. 实例

图 3-13 显示了统计时分复用器如何管理三种情况下的数据传输。在本例中帧的大小是 3 个时间片,复用器按照 1 到 5 的顺序扫描输入设备,发现有待发送的数据就填入帧内。下面就这三种情况下的数据传输分别进行介绍。

(1) 2 条输入线路发送数据。

在这种情况下,5 条输入线路只有 2 条有数据发送,如图 3-13(a)所示。复用器从 1 到 5 扫描设备,第一次扫描结束后,一帧并没有填满(只含有设备 1 和 3 的数据)。此时复用器并不发送该帧而是回到设备 1 的第二部分数据,继续进行第二次扫描,直到将该帧填满后

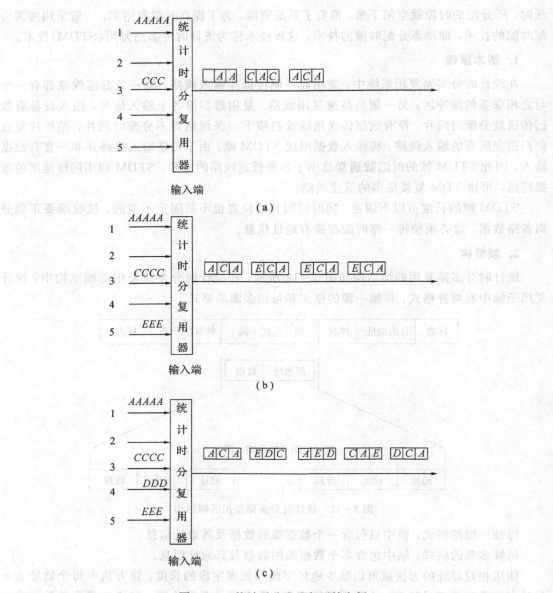

图 3-13　统计时分多路复用帧实例

才发送出去。然后继续将扫描到的设备 3 的第二部分数据填入下一个数据帧,再回到顶端的设备 1 继续填充,以此类推。前两帧被数据填满后,只剩下设备 1 有数据传输了,此时复用器取出设备 1 的字符 A,然后扫描其他的输入线路,没有发现任何数据,再回到设备 1 将最后一个字符 A 填入帧中,然后再也没有可以发送的数据了,于是复用器将只填充了两个时间片的数据帧发送出去。

（2）3 条输入线路发送数据。

在这种情况下,3 条活跃的输入线路分别对应每帧内的 3 个时间片,如图 3-13(b)所示。对于最初的 3 帧,输入信号对称地分布在所有的通信设备上。到了第四帧,设备 5 结束了自身的数据传输,但设备 1 和设备 3 仍然有两个字符待发送。复用器先取出设备 1 中的字符 A 和设备 3 中的字符 C，然后扫描剩下的输入线路，但没有发现任何数据，于是又回到设备 1，从中取出最后一个字符 A。此后再也没有数据可以用来填写了。

在此情况下，如果采用同步 TDM 技术，将需要发送 5 个数据帧，每帧 5 个时间片，总计需要 25 个时间片。但是其中只有 12 个时间片中有数据传输，而超过一半的时间片都处于空闲状态。但图 3-13(b)中显示的 STDM 方式没有一个时间片是空闲的，在整个传输时间内链路的整个容量都被使用了。

（3）4 条输入线路发送数据。

在这种情况下，有数据发送的线路比每帧时间片的数量多了 1 个，如图 3-13(c)所示。此时，当复用器从 1 到 5 进行扫描时，还没有扫描完所有的输入线路，一帧就填满了。因此第一帧载有设备 1、3 和 4 的数据，没有设备 5 的数据。该帧发送后，复用器继续进行扫描，将设备 5 中的第一部分数据填入下一帧的第一个时间片，此时第一轮扫描结束。然后回到线路顶端的设备 1 开始第二轮扫描任务。复用器将设备 1 的第二部分数据填入第二帧的第二个时间片，将设备 3 的数据填入第三个时间片，以此类推。由此可见，当活跃线路的数目不等于帧内时间片的数量时，时间片不是对称填充的。

3.4.2 统计时分多路复用与时分多路复用的比较

1. 时间片的比较

与时分多路复用一样，统计时分多路复用也允许将许多较低速率的输入线路复用到一条较高速率的线路上。在同步系统中，如果有 N 条输入线路，帧内就至少有 N 个固定的时间片。在统计系统中，如果有 N 条输入线路，帧内就至少有 M 个固定的时间片，其中 M 小于 N。

2. 效率的比较

时分多路复用技术既便宜又可靠，并能降低通信费用，但是它的通信效率较低。从几个典型的同步 TDM 系统实际运行中收集到的数据表明：在通信过程中，实际用于传输有效信息的时间只占用了可用时间的 5%。实际统计表明，与时分复用器相连接的用户终端设备连续地以最大速率发送数据的情况较少，所有用户终端同时处于繁忙的情况更少，有很多用户往往总是间断地发送信息。因此在固定分配时间片的 TDM 方式中，时隙的利用率较低。

与 TDM 相比，由于统计时分多路复用系统采用了动态分配时间片的方法，因而具有较高的传输效率。但这种方法也存在一定的局限性：一方面，由于数据到达复用器的速率可能会超过复用器把数据发送到链路的速率，在这种情况下就需要一个缓冲区来缓存数据；另一方面，由于解复用器无法判断时间片和输出线路的对应关系，因此每个时间片必须携带一个地址来告诉解复用器如何为其中的数据定向，这样在每个时间片增加的地址就增加了 STDM 系统的开销，并在一定程度上影响了它的潜在效率。

3. 复用过程的比较

图 3-14 对 TDM 和 STDM 的复用过程作了对比。图中有 3 个数据源，并在 4 个不同的时刻出现数据。在使用传统 TDM 时，每个数据源都在 TDM 帧中占有固定位置的时间片，如图 3-14(a)所示。在复用器传输的第一帧里只有数据源 A 和 B 占用时间片，其他时间片处于空闲状态；第二帧只有数据源 B 和 C 占有时间片；第三帧只有数据源 A 和 C 占有

时间片；第四帧也只有数据源 A 和 C 占有时间片。与此不同的是 STDM 使用了动态分配时隙的方法，根据需要传送数据的线路数目来确定时间片的数量。因此第一帧包含两个时间片，第二帧、第三帧和第四帧都包含两个时间片，如图 3 - 14(b)所示。

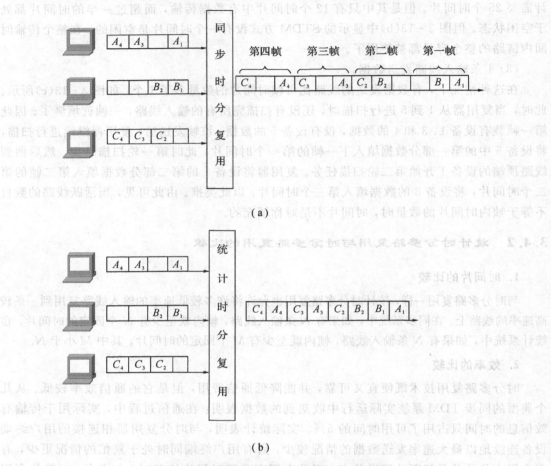

图 3 - 14　TDM 与 STDM 复用过程的比较

3.5　数 字 复 接

PCM 复用是直接将多路信号编码复用的技术，即多路模拟信号经过抽样、量化、编码后合到一起形成多路数字信号。

数字复接是把两个或两个以上的支路数字信号按时分多路复用方式合并成单一的合路数字信号的过程，其实现设备称为数字复接器。在接收端把一路复合数字信号分离成各路信号的过程称为数字分接，其实现设备称为数字分接器。

3.5.1　数字复接系统构成

数字复接器、数字分接器和传输信道共同构成数字复接系统。如图 3 - 15 所示为数字复接系统框图。从图中我们可以看出，数字复接系统的核心是数字复接器和数字分接器。

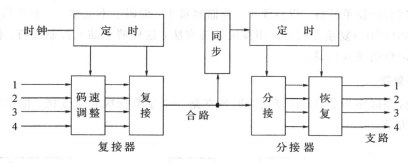

图 3-15　数字复接系统框图

1. 数字复接器

数字复接器主要由定时、码速调整和复接三个基本单元组成。定时单元给设备提供唯一的、统一的基准时间信号，复接器的时钟信号可以从内部产生，也可以由外部提供。四个支路中都有各自的码速调整单元，其作用是对各输入支路信号的速率进行调整，使它们成为同步信号。复接单元的作用是把几个低次群合成高次群，所以复接器的整体功能就是把四个支路低次群合成为一个高次群。

2. 数字分接器

数字分接器主要由同步、定时、分接和恢复四个基本单元组成。同步单元的功能是从接收信码中提取与接收信码同步的码元时钟信号。定时单元的功能是通过同步单元提取时钟信号，产生分接设备所需要的各定时信号，如帧同步信号、时序信号。分接单元的功能是把复接信号实施分离，形成同步支路数字信号。恢复单元的功能是把被分离的同步支路数字信号恢复成原始的支路信号。一般情况下，帧同步提取有时会出现漏同步和假同步现象。

3.5.2　数字复接方法

按照数字复接时码位安排的情况，数字复接方法主要有按位复接、按字复接和按帧复接三种。

1. 按位复接

按位复接也叫比特复接，即复接时每次对各支路信号复接一个比特。按位复接示意图如图 3-16 所示。

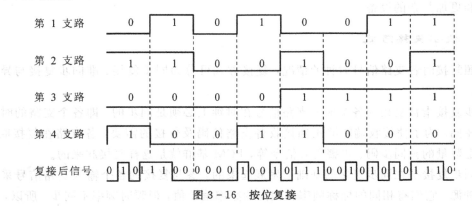

图 3-16　按位复接

按位复接方法简单易行,设备简单,存储容量小,但码字不完整,不利于信号交换。准同步数字系列(PDH)复接方式多采用按位复接方法,这样便于插入控制比特、帧同步比特和用于速率调整的插入比特。

2. 按字复接

按字复接是以字为单位,即复接时取各支路一个字节依次轮流复接。按字复接示意图如图 3-17 所示。

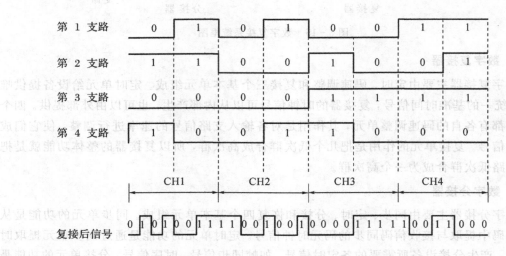

图 3-17 按字复接

按字复接方法保持了样值的完整性,有利于信号处理和交换,但要求存储单位容量大,并存在一定的复接抖动。同步数字系列(SDH)大多采用这种方法。

3. 按帧复接

按帧复接是指在复接的时候每次复接一个支路的一帧数据,复接以后的码顺序为:第 1 路的 F_0,第 2 路的 F_0,第 3 路的 F_0,第 4 路的 F_0,第 1 路的 F_1,第 2 路的 F_1,第 3 路的 F_1,第 4 路的 F_1,后面依次类推。也就是说,各路的第 F_0 依次取过来,再循环取以后的各帧数据。这种复接方法的特点是每次复接一个支路信号的一帧,因此复接时不破坏原来各个帧的结构,有利于信息的交换处理。但是它的循环周期变得更长了,这就需要更大的存储容量和更加复杂的设备。

3.5.3 数字复接方式

按照复接时各支路信号时钟的情况,复接方式可分为同步复接、准同步复接与异步复接三种。

同步复接指被复接的各个输入支路信号在时钟上必须是同步的,即各个支路的时钟频率完全相同。为了使接收端能够正确接收各支路信码及分接的需要,各支路在复接时,需插入一定数量的帧同步码、告警码及信令等,PCM 基群就是这样复接起来的。

准同步复接是在同步复接的基础上发展起来的,参与复接的各个输入支路信号采用各自的时钟源,它们有相同的标称频率和相同的频率偏差值,但瞬时频率不同步。所以,准同步复接相对于同步复接增加了码速调整和码速恢复环节,在复接前必须将各支路的码速都调整到规定值后才能复接。

异步复接是指参与复接的各支路信号时钟无固定关系,且无统一的标称频率,时钟频率偏差非常大,复接很困难,但和准同步复接类似,异步复接也是在复接前经过码速调整电路将各支路信号的码速调整到规定值再进行复接,但调整电路要比准同步复接复杂。

3.5.4 准同步数字系列(PDH)

准同步数字系列有两种基础速率:一种是以 1.544 Mb/s 为第一级,采用的国家有北美各国和日本等;另一种是以 2.048 Mb/s 为第一级,采用的国家有中国和欧洲各国。PDH 数字复接系统速率及等级如表 3-1 所示。

对于 PCM 30/32 系列,就是将四个一次群复接成一个二次群;四个二次群复接成一个三次群;四个三次群复接成一个四次群;四个四次群复接成一个五次群。尽管都是四个低次群复接成一个相邻的高次群,但它们的速率是不成 4 倍关系的,在复接的过程中要进行码速调整和加进一些帧同步、控制比特等。

表 3-1 PDH 数字复接系统速率及等级

	群号	一次群	二次群	三次群	四次群	五次群
欧洲、中国 体系	码速率/(kb/s)	2048	8448	34 368	139 264	564 992
	话路数/路	30	30×4=120	120×4=480	480×4=1920	1920×4=7680
日 本 体 系	码速率/(kb/s)	1554	6312	32 060	97 728	397 200
	话路数/路	24	24×4=96	96×5=480	480×3=1440	1440×4=5760
北 美 体 系	码速率/(kb/s)	1554	6312	44 736	274 176	
	话路数/路	24	24×4=96	96×7=672	672×4=2668	

PDH 对传统的点到点通信有较好的适应性。随着数字通信的迅速发展,点到点的直接传输越来越少,而大部分数字传输都要经过转接,因而 PDH 便不能适合现代电信业务开发及电信网管理的需要。因此出现了新的数字系列——SDH,SDH 就是为适应这种新的需要而出现的传输体系。

3.5.5 同步数字系列(SDH)

SDH 体制有一套标准的信息结构等级,即有一套标准的速率等级。ITU-T 规定对于任何级别的 STM-N 帧,帧频是 8000 帧/s,也就是帧周期为恒定的 125 μs。STM-N 帧是以字节(8 bit)为单位,9 行×270×N 列的矩形块状帧结构,如图 3-18 所示。N 取值范围为 1,4,16,64,…,基本的信号传输结构等级是同步传输模块 STM-1,当 N 个 STM-1 信号通过字节间插复用成 STM-N 信号时,仅仅是将 STM-1 信号的列按字节间插复用,行数恒定为 9 行。

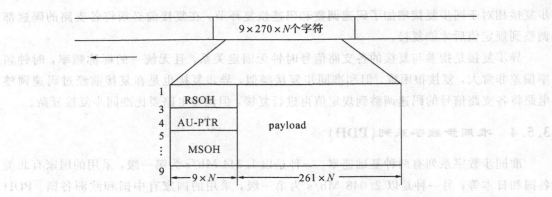

图3-18 STM-N帧结构

对于STM-1而言,传输速率为$9 \times 270 \times 8 \times 8000 = 155.520$ Mb/s;字节发送顺序为由上往下逐行发送,每行先左后右。

高等级的数字信号系列复接的个数是4的倍数,速率也是4倍关系。例如:

STM-4=4×STM-1,$155.520 \times 4 = 622.080$ Mb/s

STM-16=4×STM-4,$622.080 \times 4 = 2488.320$ Mb/s

STM-64=4×STM-16,$2488.320 \times 4 = 9953.280$ Mb/s

SDH帧大体可分为三个部分:

(1)信息净负荷(payload)。

信息净负荷是在STM-N帧结构中存放将由STM-N传送的各种用户信息码块的地方。为了实时监测低速信号在传输过程中是否正常,在将低速信号打包的过程中加入了监控开销字节——通道开销(POH)。POH作为净负荷的一部分与信息码块一起装载在STM-N上在SDH网中传送,它负责对打包的低阶通道进行通道性能监视、管理和控制。

(2)段开销(SOH)。

段开销是为了保证信息净负荷正常传送所必须附加的网络运行、管理和维护(OAM)字节。段开销又分为再生段开销(RSOH)和复用段开销(MSOH),可分别对相应的段层进行监控。段,其实也相当于一条大的传输通道,RSOH和MSOH的作用也就是对这一条大的传输通道进行监控。那么,RSOH和MSOH的区别是什么呢?简单地讲,二者的区别在于监管的范围不同。举个简单的例子,若光纤上传输的是2.5G信号,那么,RSOH监控的是STM-16整体的传输性能,而MSOH则是监控STM-16信号中每一个STM-1的性能情况。

再生段开销在STM-N帧中的位置是第1~3行的第1~9×N列,共3×9×N个字节;复用段开销在STM-N帧中的位置是第5~9行的第1~9×N列,共5×9×N个字节。

(3)管理单元指针(AU-PTR)。

管理单元指针位于STM-N帧中第4行的第9×N列,共9×N个字节。AU-PTR是用来指示信息净负荷的第一个字节在STM-N帧内的准确位置的指示符,以便接收端能根据这个位置指示符的值(指针值)准确分离信息净负荷。

3.6 操作训练

3.6.1 时分复用/解复用实验

操作所需要的设备有 RZ9681 实验平台、主控模块、基带数据产生与码型变换模块 A2、信源编码与复用模块 A3、信源译码与解复用模块 A6、100M 双通道示波器、信号连接线。

通过操作训练，能掌握时分多路复用的概念，了解本实验中时分多路复用的组成结构。

1. 实验框图

图 3-19 所示为时分多路复用的实验原理框图，由信源编码与复用模块（A3）完成时分复用功能，由信源译码与解复用模块（A6）完成解复用功能。

时分复用时接入 4 路信号，分别是帧头、PCM 数据、8 bit 设置数据、CVSD 数据。PCM 和 CVSD 数据是信源编码数据，由模块 A3 的处理器和 FPGA 分别对 3P1 和 3P2 输入的数据完成模/数转换、PCM 和 CVSD 编码，之后由 FPGA 同时将帧头、PCM 数据、8 bit 设置数据、CVSD 数据进行时分复用，时分复用帧结构如图 3-20 所示。

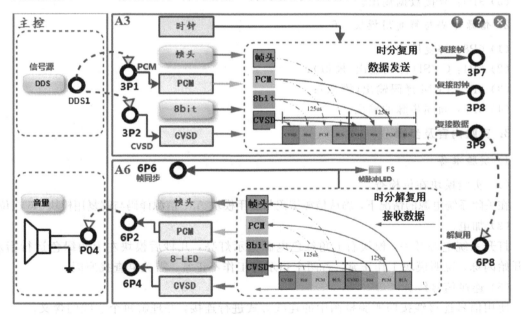

图 3-19 时分多路复用实验原理框图

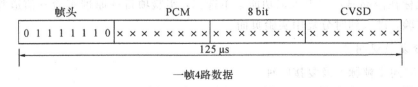

图 3-20 时分复用帧结构

一帧数据中有 4 个时隙，速率为 256 kb/s，每个时隙数据速率为 64 kb/s。

在图 3-19 中，3P1 和 3P2 均连接了 DDS1，但在实际使用时，两个编码输入端可以分别接入不同的模拟信号，如 P02 的电话语音信号。

时分解复用由模块 A6 完成，A6 模块中的 FPGA 主要完成位同步、帧同步、数据分接、信源译码等，信源译码后的数据直接转化成模拟信号在 6P2 输出 PCM 译码数据，在 6P4 输出 CVSD 数据。

在实验原理框图中，"信号源 DDS"按钮用于选择 PCM 和 CVSD 编码的模拟信号；"帧头"按钮用于设置同步帧头数据，要求收发帧头数据必须相同；"8 bit"按钮用于设置开关量；"8 - LED"按钮用于选择 A6 模块解复用数据指示灯显示什么内容。

2. 各模块测量点说明

1）信源编码与复用模块 A3

（1）3P1：PCM 编码模拟信号输入；

（2）3P2：CVSD 编码模拟信号输入；

（3）3P7：复接帧同步输出；

（4）3P8：复接时钟输出；

（5）3P9：复接数据输出。

2）信源译码与解复用模块 A6

（1）6P8：解复用输入；

（2）6P4：CVSD 译码输出（模拟）；

（3）6P2：PCM 译码输出（模拟）；

（4）6P6：帧同步脉冲输出。

3. 实验内容及步骤

1）实验准备

（1）实验模块在位检查。

在关闭系统电源的情况下，确认信源编码与复用模块 A3、信源译码与解复用模块 A6 在位。

（2）加电。

打开系统电源开关，模块右上角红色电源指示灯亮，几秒后模块左上角绿色运行指示灯开始闪烁，说明模块工作正常。若两个指示灯工作不正常，需关电查找原因。

（3）连接信号线。

使用信号连接线按照实验框图中的连线方式进行连接，并理解每个连线的含义。

（4）选择实验内容。

使用鼠标在液晶显示屏上根据功能菜单选择：实验项目→原理实验→信道复用实验→时分复用实验，进入到时分复用实验页面。

2）时分复接观测

（1）观测同步帧脉冲及复接时钟。

用示波器一个通道测量 3P7 帧脉冲，并作同步；用另一通道观测复接后时钟 3P8。观测帧脉冲宽度、一帧数据包含的时钟个数及复接后的时钟速率。

（2）观测复接后帧头数据。

用示波器一个通道测 3P7 帧脉冲，并作同步；用另一个通道测 3P9，观测帧头数据，分析帧头的起始位置；单击复接模块"帧头"按钮，尝试改变帧头数据，观察帧头起始位置和帧同步的关系。可以尝试修改一些比较特殊的帧头，例如"01111110（0x7E）"。

（3）观测复接后 8 bit 数据。

用示波器一个通道测 3P7 帧脉冲，并作同步；用另一个通道测 3P9，观察复用信道时隙关系，并根据实验原理所述，定位到 3 时隙 8 bit 数据位置，单击"8 bit"按钮，尝试修改 8 bit 编码开关，观测 3P9 的数据变化情况。

（4）修改各路数据观测复接变化。

用示波器一个通道测 3P7 帧脉冲，并作同步；用另一个通道测 3P9，观察复用信道时隙 2 的 PCM 编码数据和时隙 4 的 CVSD 数据；可以尝试修改或拔掉 3P1 和 3P2 上的信号，观察两路复接数据是否变化。由于 PCM 和 CVSD 数据一直变化，因此不太容易观察，需要仔细对比。

3）时分解复接观测

（1）观测解复用同步帧脉冲。

单击解复用"帧头"按钮，将其修改为和复用端一样的帧头数据。用示波器一个通道测 3P7 帧脉冲，并作同步；用另一个通道测 6P6，观察解复用端提取的帧同步脉冲，并分析其是否同步。同时可以观测 A6 模块上"FS"指示灯状态，常亮状态为同步状态，常灭状态为非同步状态。

尝试拔掉 6P8 接口上的复接数据，观测 6P6 是否还有帧同步脉冲，以及"FS"指示灯是否常亮，思考其原因。在后续帧同步实验中会详细讲解该内容。

尝试修改解复用"帧头"数据，将其修改为与复用端不同的帧头数据，观测 6P6 是否还有帧同步脉冲，以及"FS"指示灯是否常亮，思考其原因。

结束该步骤时，恢复帧头同步状态，继续完成下面步骤。

（2）观测解复用后 8 bit 数据。

用鼠标单击"8-LED"按钮，选择"8-bits"，如图 3-21 所示，此时 A6 模块中部 8 个 LED 小灯用亮、灭指示解复用得到的第 3 时隙"8 bit"数据。

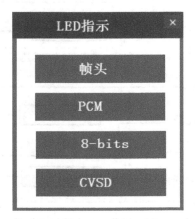

图 3-21　LED指示界面

尝试修改复接端"8-bits"数据，观测 8 个 LED 小灯是否跟着变化。

(3) 观测解复用后 PCM 译码数据。

用示波器分别观测 3P1(PCM 编码前)、6P2(解复用后 PCM 译码数据)，观测波形是否相同；修改 3P1 输入信号，观测 6P2 变化。

(4) 观测解复用后 CVSD 译码数据。

用示波器分别观测 3P2(CVSD 编码前)、6P4(解复用后 CVSD 译码数据)，观测波形是否相同；修改 3P2 输入信号，观测 6P4 变化。

4) 实验结束

实验结束，关闭电源，拆除信号连线，并按要求放置好实验附件。

4. 实验报告要求

(1) 叙述时分复用信号处理流程，从 3P9 测试点波形分析数据发送顺序。

(2) 叙述时分解复用信号处理流程，说明帧头的作用。

(3) 如果希望时分复用 8 路数据，一个时隙作帧头，其他 7 个时隙用于传 PCM 数据，推出复用数据速率。

3.6.2 码分多址(CDMA)实验

操作所需要的设备有 RZ9681 实验平台、主控模块、信源编码与复用模块 A3、信源译码与解复用模块 A6、100M 双通道示波器、信号连接线。

通过操作训练，能理解码元正交的概念，掌握码分多址的原理和方法。

1. 实验框图

码分多址(CDMA)实验原理框图如图 3-22 所示。

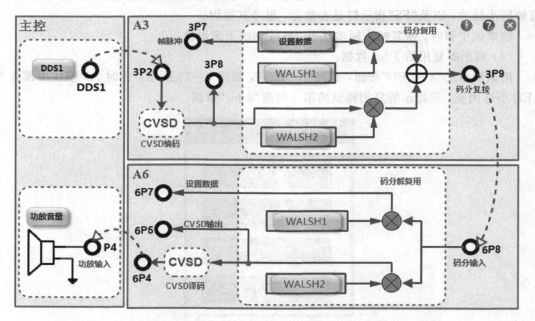

图 3-22　码分多址实验原理框图

信源编码与复用模块 A3 用于完成模拟信号的 CVSD 编码，并和本地设置的基带数据完成码分多址。3P2 输入模拟信号，经过 64 kHz 速率 CVSD 编码后，在 3P8 输出。通过"设置数据"按钮，可以修改本地 8 bit 基带数据。两路数据经过不同的 WALSH 扩频后，相加生成码分复用数据通过 3P9 输出。

在信源译码与解复用模块 A6 中，6P8 输入码分复用数据，然后分别用 WALSH1 和 WALSH2 对码分复用的数据进行码分解复用。解复用的 1 路数据通过 6P7 输出，解复用的 2 路数据通过 6P5 输出，同时送到 CVSD 译码输入端进行 CVSD 译码，译码后数据通过 6P4 输出，可以送到扬声器听取声音。

需要注意的是，"WALSH1"和"WALSH2"按钮可以设置本地 WALSH1 和 WALSH2，还可以设置本地 8 bit 的 WALSH1 和 WALSH2。

2. 测量点说明

1）信源编码与复用模块 A3

（1）3P2：DDS 信号源输入端；

（2）3P7：设置基带数据帧；

（3）3P8：CVSD 编码输出；

（4）3P9：码分复接后数据输出。

2）信源译码与解复用模块 A6

（1）6P8：码分复接数据输入；

（2）6P7：输入扩频数据与解扩码相关量输出；

（3）6P5：译码基带数据输出；

（4）6P4：本地解扩码输出。

3. 实验内容及步骤

1）实验准备

（1）实验模块在位检查。

在关闭系统电源的情况下，确认信源编码与复用模块 A3、信源译码与解复用模块 A6 在位。

（2）加电。

打开系统电源开关，A3、A6 模块右上角红色电源指示灯亮，几秒后 A3、A6 模块左上角绿色运行指示灯开始闪烁，说明模块工作正常。若两个指示灯工作不正常，需关电查找原因。

（3）连接信号线。

使用信号连接线按照实验框图中的连线方式进行连接，并理解每个连线的含义。

（4）选择实验内容。

在液晶显示屏上根据功能菜单选择：实验项目→原理实验→信道复用实验→码分复用，进入到码分复用功能页面。

2）码分多址观测

（1）观测两路码分扩频前数据。

两路码分多址数据分别采用了 8 bit 设置数据和 CVSD 编码数据。其中 8 bit 设置数据可以使用鼠标单击"设置数据"按钮，弹出 8 bit 拨码开关，修改拨码开关的值，单击"设置"进行修改。模拟信号从 3P2 输入，CVSD 编码后数据从 3P2 输出。

(2) 设置码分多址 WALSH 序列。

码分多址的扩频码 WALSH1 和 WALSH2 分别可以通过两个按键设置 8 bit 序列。

(3) 观测码分多址复用前数据。

分别观测两路复用前码分多址数据。

(4) 观测码分多址复用后数据。

用示波器观测 3P9 码分复用后数据。

3）码分多址解复用观测

(1) 设置本地解复用 WALSH 数据。

通过码分解复用框图中的按钮修改解复用需要的两路 WALSH 序列。注意：需要修改为和复用端相同的 WALSH 序列。

(2) 观测码分解复用数据。

使用示波器在 6P7 观测解复用的基带数据是否和复用端设置的数据相同；观测 6P5 解复用的 CVSD 数据是否和复用端的编码数据相同；在 6P4 观测 CVSD 译码数据是否和 CVSD 编码输入的模拟信号相同。思考上述结论能否验证码分解复用过程。

(3) 修改码分复用端 WALSH 序列进行观测。

修改码分复用端 WALSH 序列为其他类型 WALSH 序列，重新完成上述测试。将复用的 WALSH 序列修改为非 WALSH 序列，观测复用和解复用是否正确。需要注意的是，复用和解复用 WALSH 序列要同时修改。

(4) 修改码分解复用端 WALSH 序列进行观测。

修改码分解复用端 WALSH 序列，进行观测：解复用两路 WALSH 序列，同时修改为复用端 WALSH1，观测 6P7 和 6P5 解复用数据；解复用两路 WALSH 序列，同时修改为复用端 WALSH2，观测 6P7 和 6P5 解复用数据；交换解复用两路 WALSH 序列，即解复用 WASLH1 采用复用 WALSH2，解复用 WALSH2 采用复用 WALSH1，观测 6P7 和 6P5 解复用数据；任意设置几组解复用端 WALSH1 和 WALSH2 序列，观测 6P7 和 6P5 解复用数据。

4）实验结束

实验结束，关闭电源，拆除信号连线，并按要求放置好实验附件和实验模块。

4. 实验报告要求

(1) 简述码分多址(CDMA)的原理及作用。

(2) 简述 WALSH 序列的产生方法及特性。

(3) 测量并记录各个测量点波形，分析码分正确解复用的原理。

本 章 小 结

本章主要介绍了多路复用的原理与应用情况。常用的多路复用技术主要包括频分多路复用、时分多路复用、码分多路复用以及波分多路复用等。频分多路复用是将多路信号按频率的不同进行复接并传输的方法。时分多路复用是将提供给整个信道传输信息的时间划分成若干个时隙，并将这些时隙分配给每一个信号源使用，每一路信号在自己的时隙内独占信道进行数据传输，它是建立在抽样定理基础上的一种复用技术。码分多路复用现在也得到了广泛的应用，它是用各自不同的编码序列来加以区分，即靠信号的不同波形来区分信道的一种复用技术。波分多路复用是光纤通信中的一种传输技术，它是利用一根光纤可以同时传输多个不同波长的光载波特点，把光纤可能应用的波长范围划分为若干个波段，每个波段用作一个独立的通道，传输一种预定波长。数字复接技术主要有同步复接、准同步复接和异步复接三种复接方式。

课后练习

一、填空题

1. 目前常用的多路复用技术有（　　　）、（　　　）、（　　　）、（　　　）及统计时分多路复用（STDM）。

2. 频分多路复用是以（　　　）为标记，不同信号占不同的（　　　）。

3. 时分多路复用是以（　　　）为标记，不同信号占不同的（　　　）。

4. 码分多路复用是以（　　　）为标记，不同信号使用不同的（　　　）。

5. 波分多路复用是以（　　　）为标记，不同信号使用不同的（　　　）。

6. 时分多路复用通信中的同步技术主要包括（　　　）同步和（　　　）同步。

7. 位同步的基本含义是收、发两端的时钟频率必须（　　　）。

8. 按照传输同步信息方式的不同，同步可分为（　　）同步法和（　　）同步法。

9. 同步技术应具备同步误差（　　）、相位抖动（　　）、同步建立时间（　　）、同步保持时间（　　）。

10. 在 PCM 30/32 路的制式中，一个复帧由（　　）帧组成，一帧由（　　）个时隙组成。

11. 在 PCM 30/32 路的制式中，话路时隙包括（　　　　）和（　　　　）。

12. TS$_0$ 时隙为（　　）时隙，传（　　　）码和（　　　）码。

13. PCM 30/32 路系统帧周期为（　　　），每帧包含（　　）bit，总码率为（　　）kb/s。

14. 第 8 话路的话音信号在（　　　）时隙传输，第 8 路的信令在（　　）帧（　　　）时隙（　　　）码位传输。

15. 第 21 话路的话音信号在（　　　）时隙传输，第 21 路的信令在（　　）帧（　　　）时隙（　　　）码位传输。

16. PCM 24 路系统的帧周期为（　　　），每帧包含（　　　）bit，总码率为（　　　）kb/s。

17. 数字复接器主要由（　　）、（　　）和（　　）三个基本单元组成。

18. 数字分接器主要由（　　　）、（　　）、（　　　）和（　　　）四个基本单元组成。

19. 按照码位安排情况，数字复接主要有（　　）复接、（　　　）复接和（　　　）复接三种。

20. 按照各支路信号时钟的情况，复接方式可分为（　　　　）复接、（　　　　）复接和（　　　）复接三种。

21. SDH 帧可分为（　　　　）、（　　　　　）和（　　　　　）三个部分。

22. SDH 系统帧结构为（　　　）状帧结构，STM-1 帧周期为（　　　），每帧包含（　　　）字节，码速率为（　　　）kb/s。STM-16 的码速率为（　　　）kb/s。

二、判断题

1. 多路复用技术是指多路信号沿同一媒介互不干扰地传输。（　　）

2. 在频分多路复用中，各路信号在时间上可以重叠。（　　）

3. 在时分多路复用中，各路信号在频域上要处于不同频段内。（　　）

4. 在码分多路复用中，各路信号在时间和频率上可以互相重叠。（　　）

5. 位同步是最基本的同步，是实现帧同步的前提。（　　）

6. 帧同步条件下接收端才能正确接收和判决发送端送来的每一个码元。（　　）

7. 帧同步是为了保证收、发各对应的话路在时间上保持一致。（　　）

8. 只要接收端能正确识别帧同步码，就能正确辨别出每一帧的首尾，从而能正确区分出发送端送来的各路信号。（　　）

9. 自同步法是指接收端设法从收到的信号中提取同步信息的方法。（　　）

10. 一个话路经 PCM 编码后信息传输速率为 64 kb/s。（　　）

11. 与 TDM 相比，统计时分多路复用系统具有较高的传输效率。（　　）

12. STDM 帧的长度固定，时间片的位置是不固定的。（　　）

13. 按位复接方法简单易行，设备简单，有利于信号交换与处理。（　　）

14. STM-4 的帧周期为 $4\times125\ \mu s$。（　　）

15. 1010 码与 1100 为正交码。（　　）

第 4 章 信 道 编 译 码

知识要点

本章主要讨论差错控制编译码的基本原理，并介绍几种常用的差错控制编译码方法，如奇偶校验码、汉明码、循环冗余校验码、卷积码等。

能力要求

通过本章的学习，应理解差错产生的原因，熟悉差错控制的原理，并掌握几种常用的差错控制方法的编解码过程。

4.1 概　　述

信道就是信息传输的通道，在实际信道上传输数字信号时，由于信道传输特性不理想及噪声的影响，所收到的数字信号不可避免地会发生错误。为了在已知信噪比的情况下达到一定的误比特率指标，首先应合理设计基带信号，选择好调制解调方式，采用频域均衡和时域均衡使误比特率尽可能地降低。但若误比特率仍不能满足要求，还需要采用差错控制编码，将误比特率进一步降低，以满足指标要求。

信道编码的实质就是差错控制编码，其基本思路是在信息码中增加一定数量的多余码元（称为监督码元），使它们满足一定的约束关系，这样，由信息码元和监督码元共同组成一个由信道传输的码字。一旦传输过程中发生错误，则信息码元和监督码元间的约束关系被破坏。在接收端按照既定的规则校验这种约束关系，从而达到发现和纠正错误的目的。

信道编码的作用：一是增加纠错能力，使得即便出现差错也能得到纠正；二是使码流的频谱特性适应通道的频谱特性，从而使传输过程中能量损失最小，提高信号能量与噪声能量的比例，减小发生差错的可能性。

4.2 差错控制原理

4.2.1 差错类型

在数据通信系统中，由于实际信道非常复杂，常常存在各种噪声干扰，导致数据信息序列在传输过程中会产生差错，这些差错归纳起来有两种类型，即随机差错和突发差错，这两种差错类型通常同时存在。

随机差错又称独立差错，它是指那些独立的、稀疏的和互不相关的差错，亦即某个码元的出错具有独立性，与前后码元无关。随机差错一般由系统中的热噪声引起。

突发差错是指一串串、甚至是成片出现的差错，差错之间有相关性，差错出现是密集的。突发差错一般由冲击噪声引起，而冲击噪声是由短暂原因造成的，例如电机的启动、停止，电器设备的放弧等。

4.2.2　差错控制

差错控制的目的就是利用一定的技术发现信号在信道中传输时产生的误码，检出并进行纠正，以减少误码对通信的影响。一般差错控制技术只针对随机差错有效，对于突发差错则无能为力。

差错控制的思路如下。在发送端将传送的码元序列划分成组，每组有 k 个码元，以一定的规则在每组中增加 r 个码元，称为冗余码元。这样使原来不相关的信息序列中的码元，通过增加冗余码元变成相关的，这种方法称为差错控制编码。然后把这些信息码元及冗余码元组成每组 $n=k+r$ 个码元序列，送入信道传输，在接收端根据收到的码元序列，按发送端编码规则，逐组进行检验（称为译码），从而发现错误（检错），或者自动纠正错误（纠错），这就是差错控制编码的全过程。在纠错编码术语中，把冗余码元称为监督码元（或称校验码元）。

4.2.3　几个基本概念

1. 分组码

将信息码的若干个码元分为一组，为每组信息码附加若干监督码的编码，称为分组码。

设信息码为 k 位，监督码为 r 位，总码长为 n 位，则有 $n=k+r$。分组码的结构如图 4-1 所示。

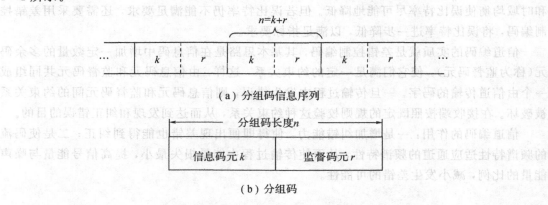

（a）分组码信息序列

（b）分组码

图 4-1　分组码结构

2. 码组重量

分组码的每一个码组中"1"的数目，称为码组重量。

3. 码距

两个码组对应位上数字不同的位数，称为码组间的码距。

4. 最小码距

编码所产生的各个码组间距离的最小值，称为最小码距。

5. 编码效率

码组中信息码所占的比例，称为编码效率，用公式表示为

$$R = \frac{k}{n} \tag{4-1}$$

4.2.4　检错纠检错能力

1. 检错能力

要检测 e 个错误，则最小码距应满足

$$d_{\min} \geqslant e + 1 \tag{4-2}$$

2. 纠错能力

要纠正 t 个错误，则最小码距应满足

$$d_{\min} \geqslant 2t + 1 \tag{4-3}$$

3. 同时能纠错和检错的能力

为纠正 t 个错误，同时又能检测 e 个错误，则最小码距应满足

$$d_{\min} \geqslant e + t + 1 \quad (e > t) \tag{4-4}$$

4.3　差错控制方式

差错控制的根本目的是发现传输过程中出现的差错并加以纠正。差错控制的基本工作方式主要基于两种思想：一是通过抗干扰编码，使得系统接收端译码器能发现错误并能准确地判断错误的位置，从而自动纠正它们；二是在系统接收端仅能发现错误，但不知差错的确切位置，无法自动纠错，必须通过请求发送端重发等方式来达到纠正错误的目的。

差错控制的基本方式可分为：检错重发（ARQ）方式、前向纠错（FEC）方式、混合纠错（HEC）方式和信息反馈（IRQ）方式，如图 4-2 所示。

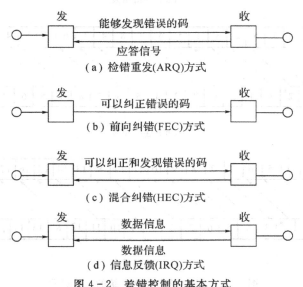

图 4-2　差错控制的基本方式

4.3.1 检错重发(ARQ)方式

图 4-2(a)表示检错重发(ARQ)方式，它是数据通信中一种常用的差错控制方式，有时也称为自动重发请求。

1. ARQ 方式的主要特点

(1) ARQ 方式只需要较少的冗余码，就能获得极低的传输误码率。

(2) 相对于 FEC 方式而言，ARQ 方式是用检错码代替纠错码，因而比前向纠错占用更少的传输线路，编码器和译码器较为简单，成本也低得多。

(3) ARQ 方式需要有反馈信道，因而不能用于单向传输信道和广播系统中。

(4) ARQ 方式的控制规程比较复杂。

(5) 当系统出现错误需要重发时，其通信效率较低。

(6) 由于反馈重发的随机性，ARQ 方式的实时响应性不如 FEC 方式，故 ARQ 方式不适合用于实时传输系统。

2. 常见的检错重发方式

常见的检错重发方式有三种：等待重发、连续重发和选择重发。

1) 等待重发

等待重发系统的工作过程如图 4-3(a)所示。在发送端 T_W 时间内发送码组 1 给接收端，

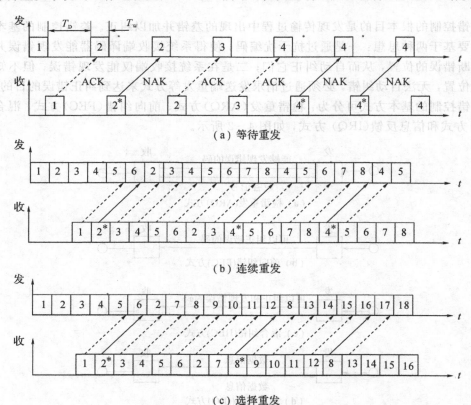

(a) 等待重发

(b) 连续重发

(c) 选择重发

图 4-3 ARQ 差错控制系统的工作过程

然后停止一段时间 T_D，以等待接收端的确认信息，当发送端确认接收端正确接收之后，再继续发送后面的码组。当接收错误时，接收端请求发送端重发上一码组。由于发送端发送每一码组都要等待接收端的回答，因此这种方式的信道利用率很低。

2）连续重发

连续重发系统的工作过程如图 4-3(b) 所示。发送端在允许的范围内连续发送一系列码组，如果其中某一个码组发生错误，则返回 NAK 信号，发送端收到 NAK 信号后，需重发错误的码组以及后续所有已发的码组。可见，这种系统在发送端需要有数据缓存器，比等待重发系统复杂，但系统的传输效率比等待重发系统有很大的改进，因此在许多数据传输系统中得到应用。

3）选择重发

选择重发系统的工作过程如图 4-3(c) 所示，它只选择重发错误的码组，而不涉及后面的码组。选择重发系统的传输效率最高，但它的成本也最贵，因为它要求较复杂的控制，在发送端和接收端都要求有数据缓存器。

根据不同的思路，ARQ 还可以有其他的工作形式，如混合发送形式，它是将等待发送与连续发送结合起来的一种形式，发送端连续发送多个码组后，再等待接收端的应答信号，以决定是重发还是发送新的码组。

4.3.2 前向纠错（FEC）方式

前向纠错（FEC）方式如图 4-2(b) 所示，FEC 方式的主要特点如下：

（1）接收端自动纠错，解码延迟固定，采用 FEC 方式时传输系统的实时性好。

（2）无需反馈信道，能用于单向传输，特别适用于点到多点传送的广播系统，所以 FEC 方式广泛地应用于卫星传送数据和现代的数字移动通信中。

（3）为了获得较高的纠错能力，所采用的纠错码通常需要较大的冗余度（即附加的额外编码位数多），从而使传输效率下降。

（4）FEC 方式差错控制规程简单，但译码设备实现较复杂。

4.3.3 混合纠错（HEC）方式

混合纠错（HEC）方式是前向纠错方式和检错重发方式的结合，如图 4-2(c) 所示。其内层采用 FEC 方式，纠正部分差错；外层采用 ARQ 方式，重传那些虽已检出但未纠正的差错。混合纠错方式在实时性和译码复杂性方面是前向纠错和检错重发方式的折中，较适合于环路延迟大的系统，因而近年来在数据通信系统中采用较多。

4.3.4 信息反馈（IRQ）方式

信息反馈（IRQ）方式又称回程校验方式。这种方式的优点是，不需要纠错、检错的编译器，设备简单；缺点是需要和前向信道相同的反向信道，实时性差。另外，发送端需要一定容量的存储器以存储发送码组，环路时延越大，数据传输率越高，所需存储容量越大。因而 IRQ 方式仅适用于传输速率较低，数据信道差错率较低，且具有双向传输线路及控制简单的系统中。

上述差错控制方式应根据实际情况合理选用。除 IRQ 方式外，都要求发送端发送的数据序列具有纠错或检错能力。为此，必须对信息源输出的数据以一定规则加入冗余码元（纠检错编码）。对于纠错编码的要求是加入的冗余码元少而纠错能力却很高，而且实现方便，设备简单，成本低。

4.4 差错控制编译码

在差错控制系统中使用的信道编码有多种，最常见的有奇偶校验码、汉明码、循环冗余码、卷积码、交织码等。在信道编码技术的实际应用中，二进制卷积码最值得注意，在同样的传输速度和设备复杂性条件下，卷积码的性能较优。下面我们一一进行介绍。

4.4.1 奇偶校验码

奇偶校验码是一种最简单的检错码，属于分组码一类，在计算机数据传输中得到广泛的应用。奇偶校验码分奇校验码和偶校验码，两者原理是一样的。

1. 基本原理

码组在传输过程中发生错码，无非是"0"码变成"1"码或者"1"码变成"0"码。这样就很可能使码组中"1"的个数发生变化。因此，如果在每个码组中各插入一个码元使所有码组中"1"的个数固定为奇数或偶数，这样，在传输中发生一位或其他奇数位错码，在接收端检测中将因"1"的个数不符合奇数或偶数规律而发现有错。奇偶校验码就是基于这样的思想构成的。

在奇偶校验码中，一般无论信息位有多少位，校验位只有一位。其编码规则是先将所要传输的数据码元分组，在分组数据后面附加一位校验位，使得该码组连同校验位在内的码组中"1"的个数为偶数（称为偶校验）或奇数（称为奇校验）。在接收端按同样的规律检查，如发现不符就说明产生了差错，但是不能确定差错的具体位置，即不能纠错。

奇偶校验码的这种校验关系可以用公式表示。设码组长度为 n，其中前 $n-1$ 位为信息码元，第 0 位为校验位，表示为 $(a_{n-1}, a_{n-2}, a_{n-3}, \cdots, a_0)$。

在偶检验时

$$a_0 \oplus a_1 \oplus \cdots \oplus a_{n-1} = 0 \qquad (4-5)$$

其中 $\oplus$ 表示模 2 加，校验位 a_0 可由下式产生

$$a_0 = a_1 \oplus a_2 \oplus \cdots \oplus a_{n-1} \qquad (4-6)$$

在奇校验时

$$a_0 \oplus a_1 \oplus \cdots \oplus a_{n-1} = 1 \qquad (4-7)$$

校验位 a_0 可由下式产生

$$a_0 = a_1 \oplus a_2 \oplus \cdots \oplus a_{n-1} \qquad (4-8)$$

这种奇偶检验只能发现单个或奇数个错误，而不能检测出偶数个错误，因而它的检错能力不高，但这并不表明它对随机奇数个错误的检错率和偶数个错误的漏检率相同。经研究表明绝大多数随机错误都能用简单奇偶校验查出，这正是这种方法被广泛用于以随机错误为主的计算机通信系统的原因。但这种方法难于对付突发差错，所以在突发错误很多的信道中不能单独使用。

【例 4 - 1】 设数据序列为 1100101011101001……，对其进行 4B1P 偶校验编码。

解　第一步，先对原数据序列进行分组，分组后的数据序列为

$$1100\quad 1010\quad 1110\quad 1001\cdots\cdots$$

第二步，按式（4 - 6）求校验码，第一组校验码为"0"；第二组校验码为"0"；第三组校验码为"1"；第四组校验码为"0"……

第三步，将校验码插入到每组码的后面，则可得发送的 4B1P 偶校验码为

$$110001010011110110010\cdots\cdots$$

2. 编码效率

奇偶校验码的编码效率为

$$R=\frac{k}{k+1}\qquad\qquad(4-9)$$

式中，k 为码组中信息码元的位数。随着 k 的变化，R 在 50%～100% 之间变化。

3. 二维奇偶校验码

二维奇偶校验码又称行列校验码或方阵码。它的方法是将数据序列排成 $k\times m$ 方阵，然后每一行每一列都加奇或偶监督码，发送时再按列（或行）的顺序传输。接收端仍将码元排成发送时方阵的形式，然后每一行每一列都进行奇偶校验。

【例 4 - 2】 设数据序列为 1110101100111000011010110，采用 5×5 方阵将其进行二维奇偶校验法编码。

解　编码过程主要分为三步。

第一步，把数据序列按水平方向排成 5×5 方阵，如表 4 - 1 所示。

表 4 - 1　5×5 方阵

信息码元				
1	1	1	0	1
0	1	1	0	0
1	1	1	0	0
0	0	1	1	0
1	0	1	1	0

第二步，每行每列分别进行偶校验，如表 4 - 2 所示。

表 4 - 2　偶校验结果

	信息码元					校验码元
	1	1	1	0	1	0
	0	1	1	0	0	0
	1	1	1	0	0	1
	0	0	1	1	0	0
	1	0	1	1	0	1
校验码元	1	1	1	0	1	0

第三步，按列发送数字序列信号，结果为 1010111110011111110001101000001001010。

二维奇偶校验的编码效率为

$$R = \frac{mk}{(m+1)(k+1)} \tag{4-10}$$

显然，这种码比水平奇偶校验码有更强的检错能力，它能发现某行或某列上的奇数个错误和长度不大于行数（或列数）的突发错误。这种码还有可能检测出偶数个错码，因为如果每行的校验位不能在本行检出偶数个错误时，则在列的方向上有可能检出。当然，在偶数个错误恰好分布在矩阵的四个顶点时，这样的偶数个错误是检测不出来的。此外，这种码还可以纠正一些错误，例如当某行某列均不满足监督关系而判定该行该列交叉位置的码元有错时，可纠正这一位上的错误。这种码由于检错能力强，又具有一定纠错能力，且实现容易，因而得到广泛的应用。

4.4.2 汉明码

汉明码是美国科学家 Hamming 于 1950 年提出来的，是一种高效的能纠正单个错误的线性分组码。其高效性体现在其纠正单个错误时，所用的监督码元最少，与其他码长相同的能纠正单个错误的码相比，编码效率最高，汉明码广泛应用于数字通信和数据存储系统中作为差错控制码。

汉明码检错、纠错的基本思想是：将有效信息按某种规律分成若干组，每组安排一个校验位进行奇偶性测试，然后产生多位检测信息，并从中得出具体的出错位置，最后通过对错误位取反（即原来是 1 就变成 0，原来是 0 就变成 1）来将其纠正。

在前面讨论奇偶校验时，如偶校验，由于使用了一位监督位 a_0，故它能和信息 $a_{n-1}a_{n-2}\cdots a_1$ 一起构成一个代数式，如式（4-5）所示。在接收端解码时，实际上就是在计算

$$S = a_{n-1} \oplus a_{n-2} \oplus \cdots \oplus a_0 \tag{4-11}$$

若 $S=0$，就认为无错；若 $S=1$，就认为有错。

式（4-11）称为监督关系式，S 称为校正子。因为校正子 S 的取值只有两种，所以它就只能代表有错和无错这两种信息，而不能指出错码的位置。不难推想，如果监督位增加一位，即变成两位，那么就能增加一个类似于式（4-11）的监督关系式。由于两个校正子的可能值有 4 种组合：00，01，10，11，故能表示 4 种不同的信息。若用其中一种表示无错，则其余 3 种就有可能用来指示一位错码的 3 种不同位置。同理，若监督码有 r 位，则能指示一位错码的可能位置有 2^r-1 种。

一般来说，若码长为 n，信息位数为 k，则监督位数为 $r=n-k$。如果希望用 r 个监督位来指示一位错码的 n 种可能位置，则要求

$$2^r-1 \geqslant n \quad \text{或} \quad 2^r \geqslant k+r+1 \tag{4-12}$$

式（4-12）称为汉明码不等式，利用该式的关系可以求出监督码的位数及码元总数。

下面通过一个例子来具体说明如何构造这些监督关系式。

设分组码 (n,k) 中 $k=4$。为了纠正一位错码，由式（4-12）可知，要求监督位数 $r \geqslant 3$。若取 $r=3$，则 $n=k+r=7$。现用 $a_6a_5\cdots a_0$ 表示这 7 个码元，用 $S_1S_2S_3$ 表示三个监督关系式中的校正子，则 $S_1S_2S_3$ 的值与错码位置的对应关系可以规定如表 4-3 所示。（当然，也可规定成另一种对应关系，这不影响讨论的一般性。）

表 4-3　校正子与错码的位置

S_1	S_2	S_3	错码位置	S_1	S_2	S_3	错码位置
0	0	1	a_0	1	0	1	a_4
0	1	0	a_1	1	1	0	a_5
1	0	0	a_2	1	1	1	a_6
0	1	1	a_3	0	0	0	无错

由表 4-3 的规定可知，当发生一个错码，其位置在 a_2、a_4、a_5 或 a_6 时，校正子 S_1 为 1，否则 S_1 为 0。这就意味着 a_2、a_4、a_5 或 a_6 四个码元构成偶数监督关系，即

$$S_1 = a_6 \oplus a_5 \oplus a_4 \oplus a_2 \tag{4-13}$$

同理，a_1、a_3、a_5 和 a_6 以及 a_0、a_3、a_4 和 a_6 也分别构成偶数监督关系，于是有

$$S_2 = a_6 \oplus a_5 \oplus a_3 \oplus a_1 \tag{4-14}$$

$$S_3 = a_6 \oplus a_4 \oplus a_3 \oplus a_0 \tag{4-15}$$

设在发送端编码时，信息位在 a_6、a_5、a_4 和 a_3 位，则该位置的值取决于输入信号，因此它们是随机的。监督位在 a_2、a_1 和 a_0 位，其值根据信息位的取值按监督关系来确定，即监督位应使式(4-13)、式(4-14)和式(4-15)中的 S_1、S_2、S_3 均为 0(表示编码组中无错码)，于是有下列方程组

$$\begin{cases} a_6 \oplus a_5 \oplus a_4 \oplus a_2 = 0 \\ a_6 \oplus a_5 \oplus a_3 \oplus a_1 = 0 \\ a_6 \oplus a_4 \oplus a_3 \oplus a_0 = 0 \end{cases} \tag{4-16}$$

由上式经移项运算，解出监督位为

$$\begin{cases} a_2 = a_6 \oplus a_5 \oplus a_4 \\ a_1 = a_6 \oplus a_5 \oplus a_3 \\ a_0 = a_6 \oplus a_4 \oplus a_3 \end{cases} \tag{4-17}$$

已知信息位后，就可直接按式(4-17)算出监督位。由此得出 16 个许用码组，如表 4-4 所示。

表 4-4　(7,4)汉明码的许用位置

信息位				监督位			信息位				监督位		
a_6	a_5	a_4	a_3	a_2	a_1	a_0	a_6	a_5	a_4	a_3	a_2	a_1	a_0
0	0	0	0	0	0	0	1	0	0	0	1	1	1
0	0	0	1	0	1	1	1	0	0	1	1	0	0
0	0	1	0	1	0	1	1	0	1	0	0	1	0
0	0	1	1	1	1	0	1	0	1	1	0	0	1
0	1	0	0	1	1	0	1	1	0	0	0	0	1
0	1	0	1	1	0	1	1	1	0	1	0	1	0
0	1	1	0	0	1	1	1	1	1	0	1	0	0
0	1	1	1	0	0	0	1	1	1	1	1	1	1

接收端收到每个码组后，按式(4-13)、式(4-14)和式(4-15)计算出 S_1、S_2 和 S_3，如

不全为 0，则可按表 4-3 确定误码的位置，然后加以纠正。

【例 4-3】 若接收码组为 0100101，按式(4-13)、式(4-14)和式(4-15)计算可得：$S_1=0$，$S_2=1$，$S_3=1$。由于 $S_1 S_2 S_3$ 等于 011，根据表 4-3 可知在 a_3 位有一错码。

另外上述(7,4)汉明码的最小码距 $d_{\min}=3$，因此，根据式(4-2)和式(4-3)可知，这种码能纠正一个错码或检测两个错码。

由式(4-12)可知，汉明码有较高的编码效率，它的最高效率为

$$R=\frac{k}{n}=\frac{2^r-1-r}{2^r-1}=1-\frac{r}{2^r-1}=1-\frac{r}{n} \tag{4-18}$$

对(7,4)汉明码，$r=3$，$R=57\%$。当 n 很大时，编码效率接近 1。可见，汉明码是一种高效码。

下面再通过一个例子来说明对于任意长度的信息，如何具体构造这些监督关系式。如信息码长度 $k=7$，我们可以按照下面介绍的方法进行汉明码编码。

第一步，通过汉明码不等式确定监督码 r 的位数，由

$$2^r \geqslant k+r+1$$

得

$$r \geqslant 4$$

取 $r=4$，则 $n=11$。

第二步，确定汉明码中监督码 $(r_4 r_3 r_2 r_1)$ 的位置，将监督码 r_i 分别放在 2^{i-1} 位，即

位置：11 10 9 8 7 6 5 4 3 2 1

内容：a_7 a_6 a_5 r_4 a_4 a_3 a_2 r_3 a_1 r_2 r_1

第三步，计算监督码的内容。

因为 $r_4 r_3 r_2 r_1$ 是用来指示 n 位码中个位码的位置，所以其内容与位置的对应关系如表 4-5 所示。

表 4-5 r 的内容与位置的对应关系

位 置		r_4	r_3	r_2	r_1
1	r_1	0	0	0	1
2	r_2	0	0	1	0
3	a_1	0	0	1	1
4	r_3	0	1	0	0
5	a_2	0	1	0	1
6	a_3	0	1	1	0
7	a_4	0	1	1	1
8	r_4	1	0	0	0
9	a_5	1	0	0	1
10	a_6	1	0	1	0
11	a_7	1	0	1	1

由表 4-5 可见：

r_1 是对第 1、3、5、7、9、11 比特位的内容进行偶校验；

r_2 是对第 2、3、6、7、10、11 比特位的内容进行偶校验；

r_3 是对第 4、5、6、7 比特位的内容进行偶校验；

r_4 是对第 8、9、10、11 比特位的内容进行偶校验。

第四步：将计算所得监督码插入到相应码位，并与信息码一起发送。

接收端收到汉明码编码的信息码流后按下列步骤进行解码，即可判断传输过程中是否出现误码。若有误码，则找出相应误码位置并改正，再扣除监督码，即可还原为原始信息码流。解码步骤与编码类似，第一步利用汉明码不等式确定监督码位数；第二步确定监督码的位置；第三步计算监督码内容；第四步根据监督码内容判断接收信息码是否有错，当 $r_4 r_3 r_2 r_1$ 为"0000"时，表示信息无错，若不为"0"，则计算 $r_4 r_3 r_2 r_1$ 代表的值是多少，就说明对应码位出错，将其取反即可改正。

【例 4-4】 已知数据序列为 1001101，将其编为汉明码，并求编码效率。

解　(1) 确定 r 的位数，由汉明码不等式确定 n 和 r 的大小。由

$$2^r \geqslant 7 + r + 1$$

得

$$r \geqslant 4$$

取 $r = 4$，则 $n = 11$。

(2) 确定汉明码中监督码 (r) 的位置，r_i 分别在 2^{i-1} 位，即

位置：11　10　9　8　7　6　5　4　3　2　1

内容：a_7　a_6　a_5　r_4　a_4　a_3　a_2　r_3　a_1　r_2　r_1

(3) 确定监督码 (r) 的内容。冗余比特的计算过程如图 4-4 所示，经运算可得

$$r_1 = 1, \quad r_2 = 0, \quad r_3 = 0, \quad r_4 = 1$$

则编码后发送的序列为 10011100101。

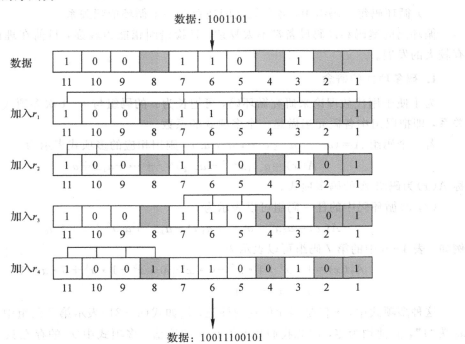

图 4-4　汉明码中冗余比特的计算图示

编码效率为

$$R = \frac{k}{n} = \frac{7}{11}$$

4.4.3 循环码

循环码是线性分组码,它是以现代代数理论作为基础建立起来的。它有三个主要数学特征:

(1) 循环码具有循环性,即循环码中任一码组循环一位(将最右端的码移至左端)以后,仍为该码中的一个码组。表 4-6 给出了一种(7,3)循环码的全部码组,由此表可以直观地看出这种码组的循环性。例如,表中的第 2 码组向右移一位即得到第 5 码组;第 5 码组向右移一位即得到第 7 码组。

表 4-6 (7,3)循环码的一种码组

码组编号	信息位			监督位				码组编号	信息位			监督位			
	a_6	a_5	a_4	a_3	a_2	a_1	a_0		a_6	a_5	a_4	a_3	a_2	a_1	a_0
1	0	0	0	0	0	0	0	5	1	0	0	1	0	1	1
2	0	0	1	0	1	1	1	6	1	0	1	1	1	0	0
3	0	1	0	1	1	1	0	7	1	1	0	0	1	0	1
4	0	1	1	1	0	0	1	8	1	1	1	0	0	1	0

(2) 循环码组中任两个码组之和(模 2)必定为该码组集合中的一个码组。

(3) 循环码每个码组中,各码元之间还存在一个循环依赖关系。

循环码的编码和译码设备都不太复杂,且检错纠错能力较强,目前在理论和实践上都有较大的发展。

1. 码多项式的概念

为了便于用代数理论来研究循环码,可把长为 n 的码组与 $n-1$ 次多项式建立一一对应关系,即把码组中各码元当做是一个多项式的系数。

若一个码组 $A = (a_{n-1}, a_{n-2}, \cdots, a_1, a_0)$,则用相应的多项式表示为

$$A(x) = a_{n-1}x^{n-1} + a_{n-2}x^{n-2} + \cdots + a_1 x + a_0 \tag{4-19}$$

称 $A(x)$ 为码组 A 的码多项式。

(7,3)循环码中的任一码组可以表示为

$$A(x) = a_6 x^6 + a_5 x^5 + a_4 x^4 + a_3 x^3 + a_2 x^2 + a_1 x + a_0 \tag{4-20}$$

例如,表 4-6 中的第 7 码组可以表示为

$$A_7(x) = 1 \cdot x^6 + 1 \cdot x^5 + 0 \cdot x^4 + 0 \cdot x^3 + 1 \cdot x^2 + 0 \cdot x + 1$$
$$= x^6 + x^5 + x^2 + 1 \tag{4-21}$$

这种多项式中,x 仅是码元位置的标记,例如式(4-21)表示第 7 码组中 a_6、a_5、a_2 和 a_0 为"1",其他均为零,因此我们并不关心 x 的取值。多项式中 x^i 的存在只表示该对应码位上是"1"码,否则为"0"码,我们称这种多项式为二进制码多项式。由此可知码组和码多项式本质上是一回事,只是表示方法不同而已。

2. 循环码的编码和解码方法

编码的任务是在已知信息位的条件下求得循环码的码组。循环码的码字安排为：码组前 k 位为信息位，后 $r=n-k$ 位是监督位。因此，循环码编码的任务就是要求出监督位的内容，通常采用多项式除法运算得到。

我们知道 (n,k) 循环码的码多项式的最高幂次是 $n-1$，而信息位是在它的最前面 k 位，因此，循环码的码多项式可表示为

$$A'(x)=a_{k-1}x^{n-1}+a_{k-2}x^{n-2}+\cdots+a_1x^{n-k+1}+a_0x^{n-k}+b_{r-1}x^{r-1}+b_{r-2}x^{r-2}+\cdots+b_1x+b_0$$

$$(4-22)$$

即

$$A'(x)=x^{n-k}A(x)+r(x) \qquad (4-23)$$

在编码之前，监督位暂时用 0 表示，则有从幂次 x^{r-1} 起至 x^0 的 r 位的系数都为 0，这相当于原信息位左移了 r 位，监督码的内容用 $A'(x)$ 除以 $g(x)$ 求余数得到，即

$$\frac{A'(x)}{g(x)}=Q(x)+\frac{r(x)}{g(x)} \qquad (4-24)$$

其中，$Q(x)$ 称为商多项式，$r(x)$ 称为余数多项式，$g(x)$ 称为生成多项式。

若 $r(x)$ 最高幂次为 $r-1$，则可确定 $g(x)$ 的最高幂次为 r。在常用的 CRC 生成器协议中采用的多项式如表 4-7 所示，数字 4、12、16 是指 CRC 余数的长度。

表 4-7　CRC 码生成多项式

类　型	生成多项式
CRC-4	x^4+x^2+x+1
CRC-12	$x^{12}+x^{11}+x^3+x^2+x+1$
CRC-16	$x^{16}+x^{15}+x^2+1$
CRC-ITU	$x^{16}+x^{12}+x^5+1$

【例 4-5】 设信息码为 110，生成多项式为 $g(x)=x^4+x^2+x+1$，试将信息码编为循环码。

解　信息码 110 对应的码多项式为 $A(x)=x^2+x$。

当 $n=7$ 时，$n-k=7-3=4$，则 $A'(x)=x^{n-k}A(x)=x^4(x^2+x)=x^6+x^5$，它相当于 1100000。

若选定 $g(x)=x^4+x^2+x+1$ 作为生成多项式，则有

$$\frac{A'(x)}{g(x)}=\frac{x^6+x^5}{x^4+x^2+x+1}=(x^2+x+1)+\frac{x^2+1}{x^4+x^2+x+1}$$

上式相当于

$$\frac{1100000}{10111}=111+\frac{101}{10111}$$

由 $A'(x)=x^{n-k}A(x)+r(x)$，可得 $A'(x)=1100000+101=1100101$，它就是表 4-6 中第 7 码组。其他码组读者可自行课后练习。

接收端解码与编码相反，若传输过程没有发生误码，则任一码组多项式 $A'(x)$ 都应能被生成多项式 $g(x)$ 整除，余数为 0。若余数不为零，则可确认接收到的码组一定发生了错

误码。所以在接收端只要将接收码组 $R(x)$ 用原生成多项式 $g(x)$ 去除，求余数即可判断，即

$$g(x)\frac{R(x)}{g(x)}=Q'(x)+\frac{r'(x)}{g(x)} \qquad (4-25)$$

因此，我们就以余数项是否为零来判别码组中有无错码。这里还需指出一点，如果信道中错码的个数超过这种编码的检错能力，即使有错码的接收码组能被 $g(x)$ 所整除，这时的错码也不能检出。

【例 4-6】 设接收端收到一组 CRC 循环码 111001101111，试判断该码组是否发生错误。设生成多项式为 $g(x)=x^4+x+1$。

解 第一步，求生成多项式对应的码组。由 $g(x)=x^4+x+1$ 可得，生成多项式对应的码组为 10011。

第二步，进行除法运算。

```
               11110111
       ┌──────────────
 10011 │ 111001101111
         10011
         ─────
         11111
         10011
         ─────
          11001
          10011
          ─────
           10100
           10011
           ─────
            11111
            10011
            ─────
             11001
             10011
             ─────
              10101
              10011
              ─────
               1101
```

第三步，由上述运算可知余数不为 0，说明该码组在传输过程中发生了错误。

4.4.4 卷积码

1. 卷积码的编码

卷积码又称为连环码，是 1955 年提出来的一种纠错码，它和分组码有明显的区别。在 (n,k) 线性分组码中，本组与 $r=n-k$ 个监督元有关，与其他各组无关，也就是说分组码编码器本身并无记忆性。卷积码则不同，每个 (n,k) 码段内的 n 个码元不仅与该码段内的信息元有关，而且与前面 N 段的信息元有关。卷积码通常用符号 (n,k,N) 表示。其中，n 为码长，k 为码组中信息码的个数，N 为相互关联的码组的个数。

下面以常见的 $(2,1,2)$ 卷积码编码器为例介绍卷积码的编码原理，如图 4-5 所示。

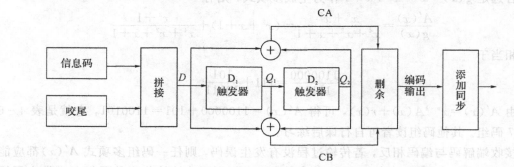

图 4-5 编码原理示意图

由图 4-5 可得

$$CA = D \oplus Q_2$$
$$CB = D \oplus Q_1 \oplus Q_2$$

编码器按块进行编码，每隔一段时间，输入一段数据作为信息位，输入到编码器中的内容为"信息＋咬尾"的拼接，其中信息为通信传输的实际内容，咬尾是为了使触发器状态归 0。设信息输入共计 16 bit，咬尾 bit 为连续 5 个"0"bit。

正常情况下，(2，1，2)卷积码码率为 1/2；编码后，数据速率为原始信息的 2 倍。由于信息位添加了咬尾，因此实际速率高于 2 倍速率，所以在实际通信中需要通过删余操作获得不同码率输出。设系统删余表为

CA：1 0 1
CB：1 1 0

即：第 1 个 bit 编码输出保留 CA 和 CB，第 2 个 bit 保留 CB，第 3 个 bit 保留 CA，后续依次循环。删余之后码率为 3/4，所以每块数据编码输出为(16＋5)×4/3＝28 bit。输出时先输出 CB，再输出 CA，如遇到删余，如图 4-6 中黑色编码位所示，则跳过。

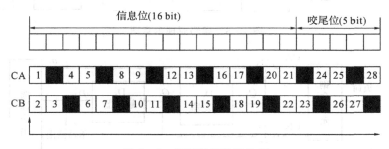

图 4-6 编码数据输出选择

如信息码为

1 1 1 1 0 0 0 0 0 1 0 1 1 1 0 1 0 0 0 0 0

则 Q_1 输出为

0 1 1 1 1 0 0 0 0 0 1 0 1 1 1 0 1 0 0 0 0

Q_2 输出为

0 0 1 1 1 1 0 0 0 0 0 1 0 1 1 1 0 1 0 0 0

CA 输出为

1 1 0 0 1 1 0 0 0 1 0 0 1 0 1 0 0 1 0 0 0

CB 输出为

1 0 1 1 0 1 0 0 0 1 1 0 0 1 0 0 1 0 0 1 0 0 0

编码输出为

110 010 010 000 111 001 110 011 000 0

为了后续译码能够找到编码数据块起始位置，需要在编码块前添加同步码，同步码为 8 bit，一帧数据包括两个卷积块，则每块数据组帧后共有 8＋2×28＝64 bit 数据，如图 4-7 所示。

同步码	卷积码1#	卷积码2#

图 4-7 编码组帧原理示意图

2. 卷积码的译码

在译码过程中，首先将接收到的信息码与监督码分离。由接收到的信息码再生监督码，这个过程与编码器相同，再将此再生监督码与接收到的监督码比较，判断有无差错。

卷积码的译码可分为代数译码和概率译码两类。大数逻辑译码器是代数译码最主要的译码方法，它既可用于纠正随机错误，又可用于纠正突发错误，但要求卷积码是自正交码或可正交码。另外一种叫维特比(Viterbi)译码，属于概率译码，由于其译码效果更好，因此在实际系统中使用较多，在实验系统中也选用了该译码算法。

译码为编码的逆过程，译码算法为 Viterbi 译码，如图 4-8 所示。首先从解调输出中搜索同步码，同步后，将负荷删余位置填充，补充的 bit 可以任意为 0 或 1，然后对填充的信号进行 Viterbi 译码，译码电路模型如图 4-9 所示。

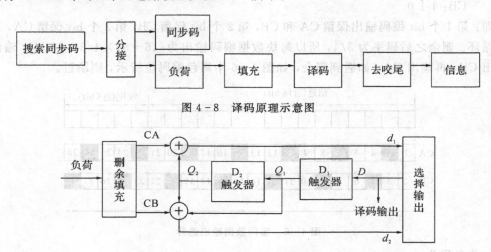

图 4-8 译码原理示意图

图 4-9 译码电路模型

由图 4-9 可见，$d_1 = CA \oplus Q_2$ 或 $d_2 = CB \oplus Q_1 \oplus Q_2$，译码输出顺序第 1 位码为 $d_1 = d_2$，第 2 位码为 d_2，第 3 位码为 d_1，第 4 位码为 $d_1 = d_2$，第 5 位码为 d_2，第 6 位码为 d_1，循环输出，直至结束。解码中若第 1 位、第 4 位……出现 $d_1 \neq d_2$，则判断有误码存在。译码后的数据输出去掉咬尾 bit，最终的信息即为信息 bit。

4.5 操作训练

4.5.1 汉明码编译码实验

操作所需要设备有 RZ9681 实验平台、主控模块、信道编码与频带调制模块 A4、纠错译码与频带解调模块 A5、100M 双通道示波器、信号连接线。

通过操作训练，能理解汉明码编译码的基本概念，掌握汉明码的编译码方法，清楚汉明码的纠错能力。

1. 实验框图

汉明码编译码原理实验框图如图 4-10 所示。

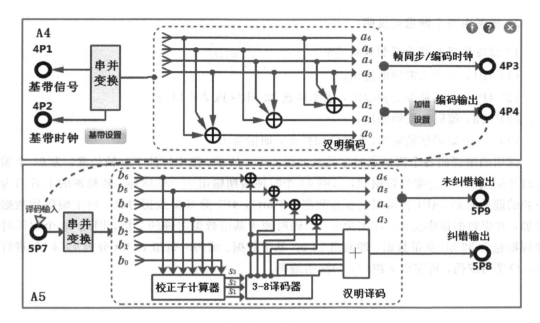

图 4-10 汉明码编译码原理实验框图

信道编码与频带调制模块 A4 用于完成汉明码编码的功能。为便于观察实验结果，对编码原理进行验证，在实验中，不需要外接基带数据，而是直接由内部产生 16 bit 的基带数据，对该基带数据进行编码。16 bit 数据按照(7，4)汉明码编码时，需分为 4 组分别进行编码。编码后的数据可以直接输出，或者进行加错设置后输出。汉明码编码表如表 4-8 所示。

表 4-8 (7，4)汉明码编码表

信息位	监督位	信息位	监督位
$a_6 a_5 a_4 a_3$	$a_2 a_1 a_0$	$a_6 a_5 a_4 a_3$	$a_2 a_1 a_0$
0000	000	1000	111
0001	011	1001	100
0010	101	1010	010
0011	110	1011	001
0100	110	1100	001
0101	101	1101	010
0110	011	1110	100
0111	000	1111	111

纠错译码与频带解调模块 A5 用于完成汉明码译码的功能。将编码数据输入到模块译码输入端，可以完成汉明码编码的纠错输出和未纠错输出。通过两组数据比较可以完成汉明码纠错能力的验证。

2. 框图中各个测量点说明

1）信道编码与频带调制模块 A4

（1）4P1：本地基带数据输出；

（2）4P2：本地基带时钟输出，速率可选 32 kb/s 或 256 kb/s；

（3）4P3：编码数据帧输出；

（4）4P4：编码加错输出（编码后加帧头，加错输出）。

汉明码编译码各个测量点时序关系如图 4-11 所示。图中标注了一帧长度，为 64 个编码时钟周期。4P3 为编码数据帧，每隔 64 个时钟周期输出一个帧脉冲，帧脉冲的上升沿为一帧的起始时刻。4P1 为编码前基带数据（16 bit），4P2 为基带数据时钟，由于编码后数据增加，对应数据速率变快，在实验中，编码时钟为基带数据时钟的 2 倍，因此 64 个编码时钟周期包含 32 bit 基带数据，即两组 16 bit 基带数据。编码时每组 16 bit 分为 4×4 bit 进行（7，4）汉明编码，可完成 8 组（7，4）汉明编码。

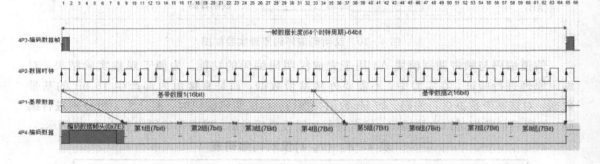

图 4-11　汉明码编译码各个测量点时序图

在进行编码时，为了便于同步，将两组编码数据进行组帧，在最前面加上 8 bit 帧头（帧头为 0x7E），组成一帧完整的编码数据。从图 4-11 中可以看出，一帧编码数据包含 8 bit 帧头＋8 组编码数据，即 8 bit＋8×7 bit＝64 bit 数据。

在进行加错设置时，可以设置 4 组错误，分别对应 16 bit 所分的 4 组（7，4）汉明码，在对应组帧数据中，分别对两组数据进行加错。

2）纠错译码与频带解调模块 A5

（1）5P7：译码输入；

（2）5P8：译码纠错输出；

（3）5P9：译码未纠错输出。

3. 实验内容及步骤

1）实验准备

（1）实验模块在位检查。

在关闭系统电源的情况下，确认信道编码与频带调制模块 A4、纠错译码与频带解调模块 A5 在位。

（2）加电。

打开系统电源开关，通过液晶显示和模块运行指示灯状态，观察实验箱加电是否正常。若加电状态不正常，请立即关闭电源，查找异常原因。

（3）连接信号线。

使用信号连接线按照实验框图中的连线方式进行连接，并理解每个连线的含义。

（4）选择实验内容。

在液晶显示屏上根据功能菜单选择：实验项目→原理实验→信道编译码实验→汉明码及性能验证，进入到汉明码编译码原理实验功能页面。

2）汉明码编码

（1）设置及观测基带数据。

使用双通道示波器分别观察 4P1 和 4P2。使用鼠标单击"基带设置"按钮，弹出 16 bit 拨码开关，修改数据速率及拨码开关，单击"设置"进行修改，观察示波器所测波形的变化，理解并掌握基带数据设置的基本方法。

（2）观测系统组帧原理。

使用双通道示波器分别观测 4P3 和 4P4，其中 4P3 作为同步通道。将基带数据设置为全"0"码，观察一组完整的组帧数据，分析全"0"码时编码数据输出的内容。

（3）观测编码数据。

示波器保持为步骤（2）的观测点，修改基带数据的设置，观察编码数据的输出，结合实验原理对帧结构的说明，分别记录基带数据和编码数据。多修改几组基带数据，记录对应的编码数据，验证编码是否正确。

（4）观测加错数据。

通过实验框图上的"加错设置"按钮，可以对编码输出加错，16 bit 分 4 组编码后为 4×7 bit，每 bit 均能加错。修改 4 组拨码开关的加错数据，通过示波器观测加错前及加错后的数据，并分析加错位置。

注：4 组拨码开关分别对 16 bit 分成的 4 组 7 bit 汉明码编码后数据进行加错。

3）汉明码译码与纠错能力

（1）观测汉明码译码能力。

使用双通道示波器分别观察 4P1 和 5P8，观测编码前数据和纠错译码后数据。将加错设置全部清零，通过"基带设置"修改基带数据，观察 4P1 和 5P8 是否相同？是否有时延？如有时延，请记录时延周期。

（2）验证汉明码译码纠错能力。

通过实验框图上的"加错设置"按钮，设置加错数据，观测基带数据和译码数据是否相同？加错时可以修改不同的加错图样，如：每组编码加 1 bit 错误，加 2 bit 错误……加连续错误，或加入分散错误等各种不同的情况，以便对汉明码译码能力进行验证。

（3）验证汉明码译码未纠错数据的影响。

使用双通道示波器分别观察 4P1 和 5P9，观测编码前数据和未纠错译码后数据，完成上面步骤的测量，分析加错对编码数据的影响。可以发现，加错位置在监督位，不会影响译码输出；加错位置在信息位，则影响译码输出。

4）实验结束

实验结束，关闭电源，拆除信号连线，并按要求放置好实验附件和实验模块。

4. 实验报告要求

（1）简述汉明码编译码的工作原理及工作过程。

（2）根据测量结果，画出各点波形，附上推导过程。

4.5.2 循环码编译码实验

操作所需要的设备有 RZ9681 实验平台、主控模块、信道编码与频带调制模块 A4、纠错译码与频带解调模块 A5、100M 双通道示波器、信号连接线。

通过操作训练，能理解循环码编译码的基本概念，掌握循环码的编译码方法，清楚循环码的纠错能力。

1. 实验框图

循环码编译码原理实验框图如图 4-12 所示。

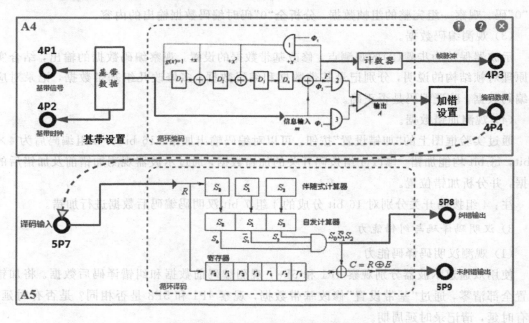

图 4-12　循环码编译码原理实验框图

信道编码与频带调制模块 A4 用于完成循环码编码的功能。为便于观察实验结果，对编码原理进行验证，在实验中，不需要外接基带数据（系统实验时需外接数据），而是直接由内部产生 16 bit 的基带数据，对该基带数据进行编码。16 bit 数据按照（7，4）循环码编码时，需分为 4 组分别进行编码。编码后的数据可以直接输出，或者进行加错设置后输出。（7，4）循环码的生成多项式为 $g(x) = x^3 + x^2 + 1$，（7，4）循环码的码表如表 4-9 所示。

表 4 - 9　(7, 4)循环码的码表

序　号	输入序列	输出序列	序　号	输入序列	输出序列
1	0000	0000000	9	1000	1000110
2	0001	0001101	10	1001	1001011
3	0010	0010111	11	1010	1010001
4	0011	0011010	12	1011	1011100
5	0100	0100011	13	1100	1100101
6	0101	0101110	14	1101	1101000
7	0110	0110100	15	1110	1110010
8	0111	0111001	16	1111	1111111

　　纠错译码与频带解调模块 A5 用于完成循环码译码的功能。将编码数据输入到模块译码输入端，可以完成循环编码的纠错输出和未纠错输出。通过两组数据比较可以完成循环码纠错能力的验证。

2. 框图中各个测量点说明

1) 信道编码与频带调制模块 A4

(1) 4P1：基带数据输出；

(2) 4P2：基带时钟输出，速率可选 32 kb/s 或 256 kb/s；

(3) 4P3：编码数据帧输出；

(4) 4P4：编码加错输出(编码后加帧头，加错输出)。

　　循环码编译码各个测量点时序关系如图 4 - 13 所示。图中标注了一帧长度，为 64 个编码时钟周期。4P3 为编码数据帧，每隔 64 个时钟周期输出一个帧脉冲，帧脉冲的上升沿为一帧的起始时刻。4P1 为编码前基带数据(16 bit)，4P2 为基带数据时钟，由于编码后数据增加，对应数据速率变快，在实验中，编码时钟为基带数据时钟的 2 倍，因此 64 个编码时钟周期包含 32 bit 基带数据，即两组 16 bit 基带数据。编码时每组 16 bit 分为 4×4 bit 进行 (7, 4)循环码编码，可完成 8 组(7, 4)循环编码。

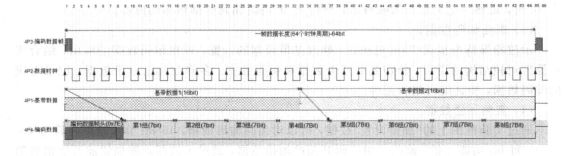

图 4 - 13　循环码编译码各测量点时序图

　　在进行编码时，为了便于同步，将两组编码数据进行组帧，在最前面加上 8 bit 帧头 (帧头为 0x7E)，组成一帧完整的编码数据。从图 4 - 13 中可以看出，一帧编码数据包含 8 bit 帧头＋8 组编码数据，即 8 bit＋8×7 bit＝64 bit 数据。

在进行加错设置时，可以设置 4 组错误，分别对应 16 bit 所分的 4 组(7，4)循环码，在对应组帧数据中，分别对两组数据进行加错。

2）纠错译码与频带解调模块 A5

(1) 5P7：译码输入；

(2) 5P8：译码纠错输出；

(3) 5P9：译码未纠错输出。

3. 实验内容及步骤

1）实验准备

(1) 实验模块在位检查。

在关闭系统电源的情况下，确认信道编码与频带调制模块 A4、纠错译码与频带解调模块 A5 在位。

(2) 加电。

打开系统电源开关，通过液晶显示和模块运行指示灯状态，观察实验箱加电是否正常。若加电状态不正常，请立即关闭电源，查找异常原因。

(3) 连接信号线。

使用信号连接线按照实验框图中的连线方式进行连接，并理解每个连线的含义。

(4) 选择实验内容。

在液晶显示屏上根据功能菜单选择：实验项目→原理实验→信道编译码实验→循环码及性能验证，进入到循环码编译码原理实验功能页面。

2）循环码编码

(1) 设置及观测基带数据。

使用双通道示波器分别观察 4P1 和 4P2。使用鼠标单击"基带设置"按钮，弹出 16 bit 拨码开关，修改数据速率及拨码开关，单击"设置"进行修改，观察示波器所测波形的变化，理解并掌握基带数据设置的基本方法。

(2) 观测系统组帧原理。

使用双通道示波器分别观测 4P3 和 4P4，其中 4P3 作为同步通道。将基带数据设置为全"0"码，观察一组完整的组帧数据，分析全"0"码时编码数据输出的内容。

(3) 观测编码数据。

示波器保持为步骤(2)的观测点。修改基带数据的设置，观察编码数据的输出，结合实验原理对帧结构的说明，分别记录基带数据和编码数据。多修改几组基带数据，记录对应的编码数据，验证编码是否正确。

(4) 观测加错数据。

通过实验框图上的"加错设置"按钮，可以对编码输出加错，16 bit 分 4 组编码后为 4×7 bit，每 bit 均能加错。修改 4 组拨码开关的加错数据，通过示波器观测加错前及加错后的数据，并分析加错位置。

注：4 组拨码开关分别对 16 bit 分成的 4 组循环码编码后数据进行加错。

3）循环码译码与纠错能力

(1) 观测循环码译码能力。

110

使用双通道示波器分别观察 4P1 和 5P8，观测编码前数据和纠错译码后数据。将加错设置全部清零，通过"基带设置"修改基带数据，观察 4P1 和 5P8 是否相同？是否有时延？如有时延，请记录时延周期。

（2）验证循环码译码纠错能力。

通过实验框图上的"加错设置"按钮，设置加错数据，观测基带数据和译码数据是否相同？加错时可以修改不同的加错图样，如：每组编码加 1 bit 错误，加 2 bit 错误……加连续错误，或加入分散错误等各种不同的情况，以便对循环码译码能力进行验证。

（3）验证循环码译码未纠错数据的影响。

使用双通道示波器分别观察 4P1 和 5P9，观测编码前数据和未纠错译码后数据，完成上面步骤的测量，分析加错对编码数据的影响。可以发现，加错位置在监督位，不会影响译码输出；加错位置在信息位，则影响译码输出。

4）实验结束

实验结束，关闭电源，拆除信号连线，并按要求放置好实验附件和实验模块。

4. 实验报告要求

（1）简述循环码编译码的工作原理及工作过程。
（2）根据测量结果，画出各点波形，附上推导过程。

4.5.3　卷积码编译码实验

操作所需要的设备有 RZ9681 实验平台、主控模块、信道编码与频带调制模块 A4、纠错译码与频带解调模块 A5、100M 双通道示波器、信号连接线。

通过操作训练，能理解卷积码编译码的基本概念，掌握卷积码的编译码方法，清楚卷积码的纠错能力。

1. 实验框图

卷积码编译码原理实验框图如图 4 – 14 所示。

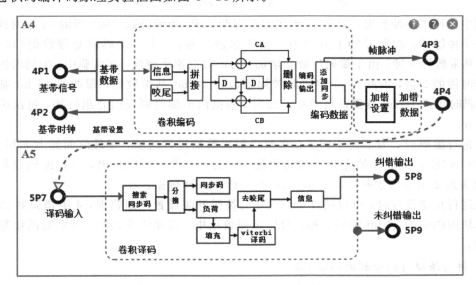

图 4 – 14　卷积码编译码原理实验框图

信道编码与频带调制模块 A4 用于完成卷积码编码的功能。为便于观察实验结果，对编码原理进行验证，在实验中，不需要外接基带数据（系统实验时需外接数据），而是直接由内部产生 16 bit 的基带数据，对该基带数据进行编码。对 16 bit 数据按照（2，1，2）卷积码编码时，编码后的数据可以直接输出，或者进行加错设置后输出。

纠错译码与频带解调模块 A5 用于完成卷积码译码的功能。将编码数据输入到模块译码输入端，可以完成卷积码编码的纠错输出和未纠错输出。通过两组数据比较可以完成卷积码纠错能力的验证。

2. 框图中各个测量点说明

1）信道编码与频带调制模块 A4

（1）4P1：基带数据输出；

（2）4P2：基带时钟输出，速率可选 32 kb/s 或 256 kb/s；

（3）4P3：编码数据帧同步输出；

（4）4P4：卷积编码输出（编码后加帧头，加错输出）。

卷积码编译码各个测量点时序关系如图 4-15 所示。

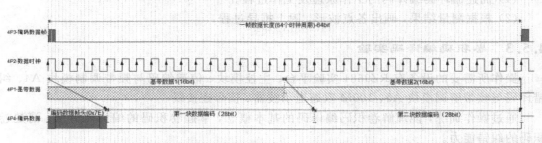

图 4-15 卷积码编译码各测量点时序图

图中标注了一帧长度，为 64 个编码时钟周期。4P3 为编码数据帧，每隔 64 个时钟周期输出一个帧脉冲，帧脉冲的上升沿为一帧的起始时刻。4P1 为编码前基带数据（16 bit），4P2 为基带数据时钟，由于编码后数据增加，对应数据速率变快，在实验中，编码时钟为基带数据时钟的 2 倍，因此 64 个编码时钟周期包含 32 bit 基带数据，即两组 16 bit 基带数据。编码时每组 16 bit 分别进行卷积码编码，根据前面编码原理的介绍可知，每次编码后为 28 bit。

在进行编码时，为了便于同步，将两组编码数据进行组帧，在最前面加上 8 bit 帧头（帧头为 0x7E），组成一帧完整的编码数据。从图 4-15 中可以看出，一帧编码数据包含 8 bit 帧头加 2 组编码数据，即 8 bit+2×28 bit=64 bit 数据。

在进行加错设置时，可以通过 4×7 bit 的拨码开关设置 4 组错误，4 组错误共 28 bit，对应每块编码中的 28 bit 编码数据。对应组帧数据中，在加错设置时，分别对两组数据进行加错。

2）纠错译码与频带解调模块 A5

（1）5P7：译码输入；

（2）5P8：译码纠错输出；

（3）5P9：译码未纠错输出。

3．实验内容及步骤

1）实验准备

（1）实验模块在位检查。

在关闭系统电源的情况下，确认信道编码与频带调制模块 A4、纠错译码与频带解调模块 A5 在位。

（2）加电。

打开系统电源开关，通过液晶显示和模块运行指示灯状态，观察实验箱加电是否正常。若加电状态不正常，请立即关闭电源，查找异常原因。

（3）连接信号线。

使用信号连接线按照实验框图中的连线方式进行连接，并理解每个连线的含义。

（4）选择实验内容。

在液晶显示屏上根据功能菜单选择：实验项目→原理实验→信道编译码实验→卷积码及性能验证，进入到卷积码编译码原理实验功能页面。

2）卷积码编码

（1）设置及观测基带数据。

使用双通道示波器分别观察 4P1 和 4P2。使用鼠标单击"基带设置"按钮，弹出 16 bit 拨码开关，修改数据速率及拨码开关，单击"设置"进行修改，观察示波器所测波形的变化，理解并掌握基带数据设置的基本方法。

（2）观测系统组帧原理。

使用双通道示波器分别观测 4P3 和 4P4，其中 4P3 作为同步通道。将基带数据设置为全"0"码，观察一组完整的组帧数据，分析全"0"码时编码数据输出的内容。

（3）观测编码数据。

示波器保持为步骤（2）的观测点。修改基带数据的设置，观察编码数据输出，结合实验原理对帧结构的说明，分别记录基带数据和编码数据。多修改几组基带数据，记录对应的编码数据，结合卷积码编码的原理和方法，验证编码是否正确。总结该编码算法和理论中使用的卷积码编码有什么不同。

（4）观测加错数据。

通过实验框图上的"加错设置"按钮，可以对编码输出加错，16 bit 分 4 组编码后为 4×7 bit，每 bit 均能加错。修改 4 组拨码开关的加错数据，通过示波器观测加错前及加错后的数据，并分析加错位置。

注：4 组拨码开关分别对 28 bit 分成的 4 组卷积码编码后数据进行加错。

3）卷积码译码与纠错能力

（1）观测卷积码译码能力。

使用双通道示波器分别观察 4P1 和 5P8，观测编码前数据和纠错译码后数据。将加错设置全部清零，通过"基带设置"修改基带数据，观察 4P1 和 5P8 是否相同？是否有时延？如有时延，请记录时延周期。思考如果编码不添加帧同步信息，译码是否可以正常完成。

（2）验证卷积码译码纠错能力。

通过实验框图上的"加错设置"按钮，设置加错数据，观测基带数据和译码数据是否相同？加错时可以修改不同的加错图样，如：每组编码加 1 bit 错误，加 2 bit 错误……加连续错误，或加入分散错误等各种不同的情况，以便对卷积码译码能力进行验证。

（3）验证卷积码译码未纠错数据的影响。

使用双通道示波器分别观察 4P1 和 5P9，观测编码前数据和未纠错译码后数据，完成上面步骤的测量，分析加错对编码数据的影响。可以发现，加错位置在监督位，不会影响译码输出；加错位置在信息位，则影响译码输出。

4）实验结束

实验结束，关闭电源，拆除信号连线，并按要求放置好实验附件和实验模块。

4. 实验报告要求

（1）简述卷积码编译码的工作原理及工作过程。

（2）根据测量结果，画出各点波形，附上推导过程。

（3）对比汉明码及卷积码的纠错能力。

（4）分析实验中卷积码为什么需要增加"咬尾""删余""添加同步"等操作。

本 章 小 结

数据通信要求信息传输有很高的可靠性，也就是对误码率要求很高。而造成误码的原因很多，但主要原因可以归结为两个方面：一是信道不理想造成的符号间干扰；二是各种噪声对信号的干扰。对于前者通常可以通过均衡方法予以改善以至消除，因此常把信道中的噪声作为造成信号传输差错的主要原因。差错控制就是针对后者而采取的技术措施，其目的是提高传输的可靠性。

差错控制的基本思路是：发送端在原始信息码流中，按照一定的规则加入若干"监督码元"后再进行传输，这些加入的码元与原来的信息码序列之间有着既定的约束关系，如该关系遭到破坏，则在接收端可以发现传输中的错误。可见，用这种方法来提高数据通信系统的可靠性是以牺牲有效性为代价的。

常见的信道编码方式有奇偶校验码、汉明码、循环码、卷积码等。其中，奇偶校验码最简单，但只能检出奇数个错码，不能检测偶数个错码，也无纠错功能；汉明码最小码距为3，可以纠正一位随机性误码，超过一位误码时，汉明码不能正确检错和纠错，所以它仅用于信道特性比较好的环境中，如局域网，在信道特性不好的情况下，出现的错误通常不是一位；循环码是线性分组码中最重要的一种子类，是目前研究的比较成熟的一类码，它的检错能力较强，编码和译码设备并不复杂，而且性能较好，不仅能检出随机错误，也能检出突发错误，因此在目前的计算机通信系统中所使用的线性分组码几乎都是循环码。

随着数字通信领域的快速发展，差错控制编码的原理和技术也将迅猛发展，而本章仅对一些基本的差错控制编码进行了介绍。对信道编译码感兴趣的读者可查阅其他相关资料进行研究学习。

课 后 练 习

一、填空题

1. 差错归纳起来有两种类型，即（　　　　）差错和（　　　）差错。

2. 差错产生的原因有（　　　　　　）及（　　　　　　　　　）。

3. 码组重量是指分组码的每一个码组中（　　　）的数目。

4. 码距是指两个码组（　　　　　　　　　）的位数。

5. 已知 8 个码组为 000000，001110，010101，011011，100011，101101，110110，111000，该码组的最小码距是（　　　　）。

6. 要检测 e 个错误，则最小码距 $d_{\min}$ 应满足（　　　　　　）。

7. 要纠正 t 个错误，，则最小码距 $d_{\min}$ 应满足（　　　　　　）。

8. 为能检测 e 个错误，纠正 t 个错误，则最小码距 $d_{\min}$ 应满足（　　　　　　）。

9. 常用的差错控制方式有（　　　　　　）、（　　　　　　）、（　　　　　）和（　　　　）。

10. 常见的检错重发方式有（　　　　　）、（　　　　　　）和（　　　　　）。

11. 对数据序列 110010101110 进行 4B1P 奇校验编码，则编码输出为（　　　　　），编码效率为（　　　）。

12. 汉明码不等式为（　　　　　　　　　），用来确定（　　　　　　　）位数。

13. 在 ARQ、FEC、HEC、IRQ 等几种差错控制方式中，需要反馈信道的是（　　　　）。

14. 在 ARQ、FEC、HEC、IRQ 等几种差错控制方式中，实时性好的是（　　　　　　）。

15. 信息码 1010010 对应的码多项式是（　　　　　　　　　）。

二、编码题

1. 当发送的数据为 10101110 时，试求发送端用汉明码编码的码组。

2. 若收到的汉明码为 1010101，该码是否出错，错在哪一位，请找出并更正，还原出原信息码。

3. 一个 (n,k) 循环码，其生成多项式为 $g(x)=x^5+x^2+1$，当发送的数据为 11101110 时，求发送的码组。

4. 生成多项式为 $g(x)=x^4+x^3+1$，若接收到的码组为 11010111010，问是否发生错误？

第5章　基带传输系统

　　本章主要介绍数字基带信号的特点、传输中常用的线路码型、信道误码及信道均衡补偿等内容。

　　通过本章的学习，应掌握基带线路传输码型的选择原则，掌握常见传输码型及码型变换，熟悉线路中误码产生的原因及均衡的概念。

5.1　数字基带信号概述

　　数字基带信号是指未经调制变换的信号，它的频谱一般从零开始。在自然界存在大量的原本是数字形式的数据信息，如计算机数据代码，各业务领域涉及的测试、检测开关量等。如果将数字基带信号直接送入信道中传输，则称之为数字信号的基带传输。

5.1.1　数字基带信号的一般表示形式

　　一般基带数据信号序列为随机信号，若令 $g_1(t)$ 代表二进制数据符号"0"，$g_2(t)$ 代表二进制数据符号"1"，码元的宽度为 T，则单极性全占空基带数据序列波形如图 5-1 所示。

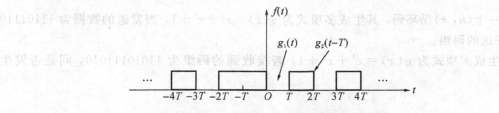

图 5-1　单极性全占空基带数据序列波形

数据信号序列可表示为

$$f(t) = \sum_{k=-\infty}^{\infty} g(t - kT)$$

其中

$$g(t - kT) = \begin{cases} g_1(t - kT) & \text{以概率 } P \text{ 出现} \\ g_2(t - kT) & \text{以概率 } 1-P \text{ 出现} \end{cases}$$

设数据序列出现"0"的概率为 P，则出现"1"的概率为 $1-P$。

5.1.2　常见数字基带信号的波形

数字基带信号是数字消息序列的一种电信号表示形式，它是用不同的电位或脉冲来表示相应的数字消息的，其主要特点是功率谱集中在零频率附近。数字基带信号的波形和码型有很多，但是它们的基本信号单元都采用矩形脉冲。现在我们以矩形脉冲组成的基带信号为例，介绍几种最基本的基带信号码波形。

1. 单极性不归零码(NRZ 码)

单极性不归零码如图 5-2 所示，它用高电平表示二进制符号"1"，用低电平表示二进制符号"0"，在一个码元时隙内电平维持不变，即占空比 $\dfrac{\tau}{T}=1$。

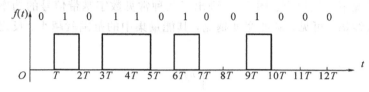

图 5-2　单极性不归零码

2. 单极性归零码(RZ 码)

单极性归零码如图 5-3 所示，代表二进制符号"1"的高电平在整个码元时隙持续一段时间后要回到低电平，即占空比 $\dfrac{\tau}{T}<1$，通常占空比取 50%。

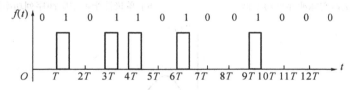

图 5-3　单极性归零码

3. 双极性不归零码(BNRZ 码)

双极性不归零码如图 5-4 所示，它用正电平代表二进制符号"1"，用负电平代表二进制符号"0"，在整个码元时隙内电平维持不变。

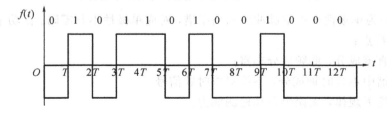

图 5-4　双极性不归零码

4. 双极性归零码(BRZ 码)

双极性归零码如图 5-5 所示，代表二进制符号"1"和"0"的正、负电平在整个码元时隙持续一段时间之后都要回到 0 电平，同单极性归零码一样，可用占空比也小于 1。

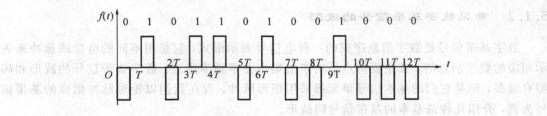

图 5-5 双极性归零码

5.1.3 常见数字基带信号的频谱特性和特点

随机数据信号的功率谱可能包括两个部分：连续谱和离散谱。连续谱总是存在的，而离散谱在某些情况下可能没有。图 5-6 画出了几种常见数字基带信号的功率谱密度，图中用箭头表示离散线谱。可见，脉冲宽度越宽，其能量集中的范围就越小；反之，能量集中的范围就越大。

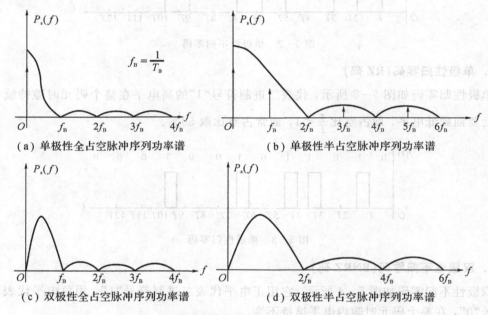

(a) 单极性全占空脉冲序列功率谱

(b) 单极性半占空脉冲序列功率谱

(c) 双极性全占空脉冲序列功率谱

(d) 双极性半占空脉冲序列功率谱

图 5-6 几种常见数字基带信号的功率谱密度

图 5-6(a) 为单极性全占空脉冲序列功率谱，对应单极性不归零码。由功率谱可知单极性不归零码的特点：

(1) 含有直流成分，低频成分丰富；

(2) 功率谱中不含时钟成分，不能提取时钟信号；

(3) 该码流无规律，无误码自动检测能力。

图 5-6(b) 为单极性半占空脉冲序列功率谱，对应单极性归零码。由功率谱可知单极性归零码中含有时钟信息，其他特性与单极性不归零码相同。

图 5-6(c) 为双极性全占空脉冲序列功率谱，对应双极性不归零码。由功率谱可知双极性不归零码的特点：

（1）当二进制符号序列中的"1"和"0"等概率出现时，序列中无直流分量；

（2）判决电平为 0，容易设置且稳定，抗噪声性能好；

（3）序列中不含位同步信息；

（4）码流无规律，无误码自动检测能力。

图 5-6(d)为双极性半占空脉冲序列功率谱，对应双极性归零码。双极性归零码的优缺点与双极性不归零码相近，但应用时只要在接收端加一级整流电路就可将序列变换为单极性归零码，相当于包含了位同步信息。

5.2 基带传输常用线路码型

5.2.1 基带传输对线路码型的要求

基带信号是代码的一种电的表示形式，在实际的基带传输系统中，并不是所有的基带波形都能在信道中传输，例如，含有丰富直流和低频成分的基带信号就不适合在信道中传输，因为它有可能造成信号严重畸变，前面介绍的单极性基带波形就是一个典型例子。再例如，一般基带传输系统都从接收到的基带信号流中提取定时信息，而定时信息又依赖于代码的码型，如果代码出现长时间的连续符号，则基带信号可能会长时间出现 0 电位，而使位定时恢复系统难以保证位定时信息的准确性。

线路码型取决于实际信道的特性和系统工作的条件，在较为复杂的基带传输系统中，线路码型应具有下列主要特性：

（1）对直流或低频受限信道，无直流分量，且低频分量少；

（2）便于从接收码流中提取定时信号；

（3）信号中高频分量尽量少，以节省传输频带并减少码间串扰；

（4）码型具有一定的检错能力；

（5）不受信息源统计特性的影响，即能适应信息源的变化；

（6）编译码设备要尽可能简单。

5.2.2 常见基带传输码型

1. 传号交替反转码（AMI 码）

AMI 码的编码规则是：编码时将原二进制信息码流中的"1"用交替出现的正、负电平（＋1 码、－1 码）表示，"0"用 0 电平表示。所以在 AMI 码的输出码流中总共有三种电平出现，但并不代表三进制，因此它又可归类为伪三元码，占空比 $\frac{\tau}{T}=50\%$。AMI 码编码示意图如图 5-7 所示。

AMI 码的优点主要有以下两点：

（1）功率谱中无直流分量，低频分量较小；

（2）利用传号时是否符合极性交替原则，可以检测误码。

AMI 码的主要缺点是：当信息流中出现长连"0"码时，AMI 码中无电平跳变，会丢失定时信息。

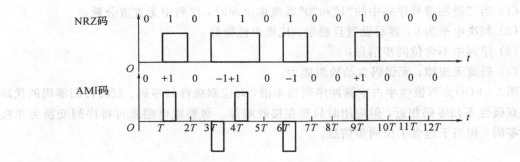

图 5-7 AMI 码编码

2. 三阶高密度双极性码(HDB3 码)

HDB3 码保持了 AMI 码的优点并克服了 AMI 码的缺点，它的全称是三阶高密度双极性码，也是伪三元码。HDB3 码中"3"阶的含义是：限制连"0"个数不超过 3 位。如果原二进制信息码流中连"0"的数目小于 4，那么编码后的 HDB3 码与 AMI 码完全一样。当信息码流中连"0"数目等于或大于 4 时，这个位置称为长连"0"位置。HDB3 码的编码规则如下：

(1) 找到码流中长连"0"的位置，从长连"0"的第一个 0 开始，连续四个"0"分为一组，称为四连零码组。

(2) 用取代节代替四连零码组，取代节有"000V"和"B00V"，分两步完成。

第一步：用"V"码代替四连"0"中的第四个"0"；

第二步：数两个相邻的"V"码间"1"的个数，若为奇数，则后一组四连"0"码组中的第一个"0"保持不变；若为偶数，则后一组四连"0"码组中的第一个"0"用"B"码代替。

其中"B"和"V"都是传号。

(3) 进行极性变换。

① 除"V"外传号极性交替变换；

② "V"码与前面相邻的传号极性相同；

③ V 码极性交替变换。

其中，"B"码没有破坏极性交替原则，称为非破坏码；"V"码破坏了极性交替原则，称为破坏码。

HDB3 码的优点主要有以下三点：

(1) 无直流，低频成分少；

(2) 频带较窄，可打破长连"0"，提取同步方便；

(3) 码型有规律，可以检测误码。

【例 5-1】 设 PCM 编码器输出消息代码为 0100001100000**1010**，试将其转换为 HDB3 码，设该码流前有一"V"码，极性为正。

解 第一步：找长连"0"的位置，连续四个"0"划分为一组，即

$$01\underline{0000}11\underline{0000}01010$$

第二步：用取代节代替四连零码组，即

$$(参考 V+)01\underline{000V}11\underline{B00V}01010$$

第三步：进行极性变换，即

原码：0 1 0 0 0 0 1 1 0 0 0 0 0 1 0 1 0

HDB3：0　B_　0　0　0　V_　B+　B_　B+　0　0　V+　0　B_　0　B+　0

编码结果如图 5-8 所示。

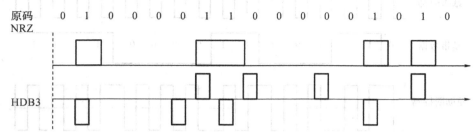

图 5-8　HDB3 编码

HDB3 码在接收后，进行解码，解码规则如下：

（1）找出取代节的位置，即找出码流中极性相同的"1"码位置，这个位置可能是取代节。因为发送端编码时，V 码与前一个相邻的传号极性相同。

（2）扣除取代节中的 B 和 V，若极性相同的两个 1 码间有两个连 0，则认为该位置为取代节 B00V，那么将这两个极性相同的 1 码改为 0，即扣除了 B 和 V。若极性相同的两个 1 间有三个连 0，则认为该位置为取代节 000V，那么将这两个极性相同的 1 码中后一个 1 码改为 0，即扣除了 V 码。

（3）将 V 与 B 均去掉（改为 0 码后），得到 AMI 码，再进行全波整流，得单极性码，即原码序列。

虽然 HDB3 码有些复杂，但鉴于其具有明显的优点，34 Mb/s 以下速率的系统中常采用 HDB3 码作为接口码型。

3. 传号反转码（CMI 码）

CMI 码的编码规则是：将原来二进制码流中的"0"码编为"01"，将"1"码编为"00"或"11"，"00"和"11"交替出现。

这样编码的结果使码流中的"0""1"出现的概率均等。"10"作为禁字，不允许出现。接收端码流中一旦出现"10"组合的码，即可判为误码，以此监测误码。

CMI 编码后码流中最多连"0"、连"1"个数为 3，有利于时钟提取，CMI 码编码示意图如图 5-9 所示。

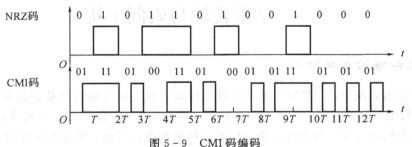

图 5-9　CMI 码编码

4. 曼彻斯特码

曼彻斯特码又称为数字双相码，它用一个周期的正负对称方波表示"0"，而用其反相波形表示"1"。编码规则是:"0"码用"01"两位码表示,"1"码用"10"两位码表示,如图5-10所示。

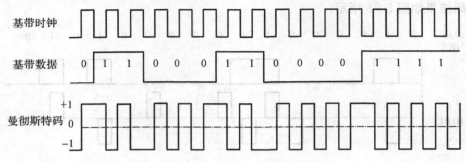

图5-10 曼彻斯特编码

5. 密勒码

密勒(Miller)码又称延迟调制码,它是双向码的另一种变形。它的编码规则如下:

"1"码用码元间隔中心点出现跃变来表示,即用"10"或"01"表示。具体在选择"10"或"01"编码时需要考虑前一个码元编码的情况,如果前一个码元为"1",则选择和这个"1"码相同的编码值;如果前一个码元为"0",则编码以边界不出现跳变为准则。如果"0"码编码为"00",则紧跟的"1"码编码为"01";如果"0"码编码为"11",则紧跟的"1"码编码为"10"。

"0"码则根据情况选择用"00"或"11"表示。具体在选择"00"或"11"编码时需要考虑前一个码元编码的情况,如果前一个码元为"0",则选择和这个"0"码不同的编码值;如果前一个码元为"1",则编码以边界不出现跳变为准则。如果"1"码编码为"01",则紧跟的"0"码编码为"11";如果"1"码编码为"10",则紧跟的"0"码编码为"00"。如图5-11所示。

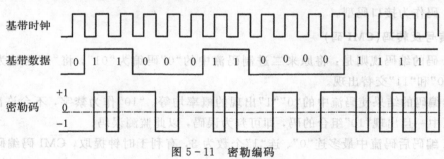

图5-11 密勒编码

5.3 基带传输与码间干扰

5.3.1 基带传输系统模型

在基带传输系统中,一系列的基带信号波形被变换成相应的发送基带波形后,就被送入信道。信号通过信道传输,一方面要受到信道特性的影响,使信号产生畸变;另一方面,信号被信道中的加性噪声所叠加,造成信号的随机畸变。因此,到达接收端的基带脉冲信号已经发生了失真。为此,在接收端首先要安装一个接收滤波器,使噪声尽量得到抑制,从而使信号顺利通过。但是,在接收滤波器的输出信号里,仍然存在畸变并混有噪声。因此,为了提高接收系统的可靠性,通常要在接收滤波器的输出端安排一个识别电路,常用的识别电路是抽样判决器，它是在每一个接收基带波形的中心附近对信号进行抽样，然后将抽样值与判决门限进行比较，若抽样值大于门限值，则判为"高"电平，反之，则判为"低"电平。这样就可以获得一系列新的基带波形，即再生的基带信号，如图 5－12 所示。

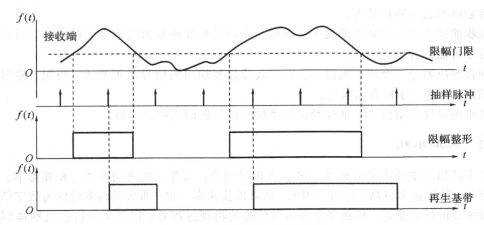

图 5－12　信号再生过程示意图

不难看出，抽样判决有进一步排除噪声干扰和提取有用信号的作用，只要信号畸变不大且噪声影响较小，我们就可以获得与发送端几乎一样的基带信号。当然，基带信号的恢复或再生总是要求有一良好的同步系统。

单个矩形脉冲及其频谱如图 5－13 所示。从图中可以看出，矩形脉冲信号的频谱函数分布于整个频率轴上，而其能量主要集中在直流和低频段。

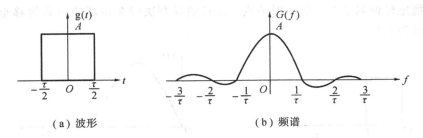

（a）波形　　　　　　　　　（b）频谱

图 5－13　单个矩形脉冲及其频谱

当信道的带宽远远大于码元传输速率时，可采用矩形脉冲。当信道带宽有限时，为合理利用频带资源，在发送端常用低通滤波器来限制发送信号的带宽，在接收端用低通滤波器来滤除噪声的干扰。

典型的数字基带信号传输系统模型如图 5－14 所示。

图 5－14　基带传输系统模型

基带码型编码电路将数字基带信号转换为适合于基带信道传输的冲激脉冲或窄脉冲序列。

发送滤波器又称信道信号形成网络，它限制发送信号频带，同时将编码后的波形转换为适合信道传输的基带波形。

信道可以是电缆等狭义信道，也可以是带调制器的广义信道，信道中的窄带高斯噪声会给传输波形造成随机畸变。

接收滤波器的作用是滤除混在接收信号中的带外噪声和由信道引入的噪声，对失真波形进行尽可能的补偿（均衡）。

抽样判决器是一个识别电路，它把接收滤波器输出的信号波形放大、限幅、整形后再加以识别，可进一步提高信噪比。

基带码型译码电路是将抽样判决器送出的信号还原成原始信号。

5.3.2 码间串扰

数字通信的主要质量指标是传输速率和误码率，二者之间密切相关、相互影响。当信道一定时，传输速率越高，误码率越大。如果传输速率一定，那么误码率就成为数字信号传输中最主要的性能指标。从数字基带信号传输的物理过程看，误码是由接收机抽样判决器错误判决所致，而造成误判的主要原因是码间串扰和信道噪声。

顾名思义，码间串扰是传输过程中各码元间的相互干扰。由于系统的滤波作用或者信道不理想，当基带数字脉冲序列通过系统时，脉冲会被展宽，甚至重叠（串扰）到邻近时隙中而成为干扰，这样就产生了码间串扰。

例如，图5-15(a)所示发送序列中的单个"1"码，经过发送滤波器后，变成正的升余弦波形，如图5-15(b)所示。此波形经信道传输产生了延迟和失真，如图5-15(c)所示。这个"1"码的拖尾延伸到了下一码元时隙内，并且抽样判决时刻也相应向后推移至波形出现最高峰处（设为 t_1）。

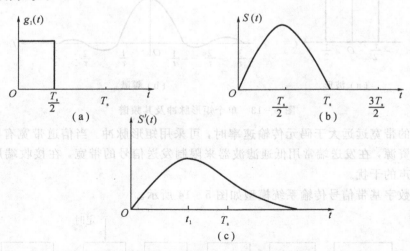

图5-15 传输单个波形失真示意图

假如传输一组双极性码码元：1110，经发送滤波器后变为升余弦波形，如图5-16(a)所示。经过信道后产生码间串扰，前三个"1"码的拖尾相继侵入到第四个"0"码的时隙中，如图5-16(b)所示。图中 a_1、a_2、a_3 分别为第一、二、三个码元在 $3T_s+t_1$ 时刻对第四个码元产生的码间串扰值，a_4 为第四个码元在抽样判决时刻的幅度值。当 $a_1+a_2+a_3<|a_4|$ 时，

判决正确；当 $a_1 + a_2 + a_3 > |a_4|$ 时，发生错判，造成误码。

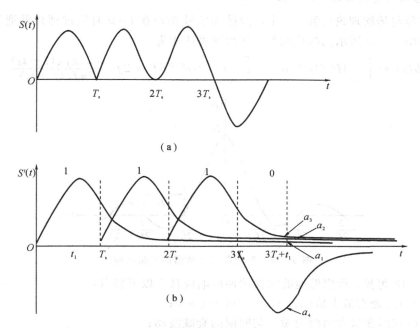

图 5 - 16 传输信息序列时波形失真示意图

5.3.3 无码间串扰的基带传输特性

在数字信号的传输中，码元波形是按一定的时间间隔发送的，波形幅度携带信息。接收端经再生判决后，若能准确地恢复出幅度信息，则原始信息就能无误地传送。因此，只需要讨论特定时刻的抽样值有无串扰，而波形是否在时间上延伸则无关紧要。换句话说，即使经传输后的整个波形发生了变化，但只要在特定时刻的抽样值能反映其携带的幅度信息，再经过抽样处理，仍能准确无误地恢复原始信息。

1. 理想低通滤波器的波形形成

1) 理想低通滤波器的传输特性

理想低通滤波器的传输特性如图 5 - 17 所示，其传递函数为

$$H(f) = \begin{cases} e^{-j2\pi ft_d} & |f| \leqslant f_N \\ 0 & |f| > f_N \end{cases} \tag{5-1}$$

其中，f_N 为截止频率，t_d 为固定时延。

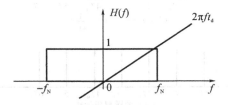

图 5 - 17 理想低通滤波器传输特性

125

2）理想低通滤波器的冲激响应

根据信号与传输理论可知，一个冲激脉冲信号 $\delta(t)$ 在 $t=0$ 时经过理想低通滤波器后，可以得到如图 5-18 所示的响应波形，其数学表达式为

$$h(t)=\int_{-f_{N}}^{f_{N}}H(f)\mathrm{e}^{\mathrm{j}2\pi ft}\mathrm{d}f=\int_{-f_{N}}^{f_{N}}\mathrm{e}^{-\mathrm{j}2\pi ft_{\mathrm{d}}}\mathrm{e}^{\mathrm{j}2\pi ft}\mathrm{d}f=2f_{N}\frac{\sin2\pi f_{N}(t-t_{\mathrm{d}})}{2\pi f_{N}(t-t_{\mathrm{d}})} \qquad (5-2)$$

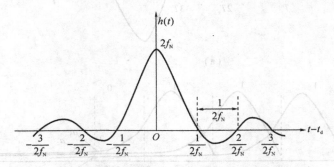

图 5-18 理想低通滤波器的冲激响应

由图 5-18 可见，理想低通滤波器的冲激响应具有以下特点：

（1）在 $t=t_{\mathrm{d}}$ 处有最大值（$2f_{N}$），通常可令 $t_{\mathrm{d}}=0$；

（2）响应波形在最大值两边做均匀间隔的衰减波动；

（3）响应值有很多零点，以 $t=t_{\mathrm{d}}$ 为中心，每隔 $1/(2f_{N})$ 秒有一个零点。

3）无码间干扰的概念

一个冲激信号经过理想低通信道后，其脉冲被展宽，除了在 $t=t_{\mathrm{d}}$ 处有最大值外，在其他时刻，虽然没有信号输入，但仍有输出，若此时有其他脉冲输入，就会受到当前脉冲的影响。

$T=1/(2f_{N})$ 和 $T\neq1/(2f_{N})$ 时的输入响应如图 5-19 所示，T_{B} 为相邻码元间隔时间。

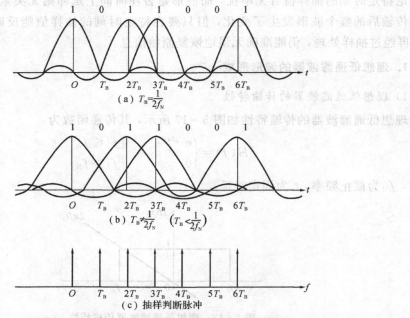

图 5-19 脉冲序列经理想低通信道输出的波形

如图 5-19(a)所示，当 $T_{\mathrm{B}}=1/(2f_{\mathrm{N}})$ 且抽样周期 $T=T_{\mathrm{B}}$，接收端在该时刻抽样时，抽样值不受其他输入脉冲的影响。

如图 5-19(b)所示，当 $T\neq 1/(2f_{\mathrm{N}})$ 且 $T=T_{\mathrm{B}}$，接收端在该时刻抽样时，抽样值是多个码元在该抽样时刻的叠加值，受到其他输入脉冲的影响。对于一个码元信号来说，其他码元信号在其抽样判决时刻的叠加值就称为码间干扰或码间串扰。码间干扰是由于传输频带受限使输出波形产生拖尾所致。因此，基带数据传输时总希望码间干扰越小越好。

4）奈氏第一准则（无码间干扰的条件）

若系统等效网络具有理想低通特性，且截止频率为 f_{N}，则该系统中允许的最高码元（符号）速率为 $2f_{\mathrm{N}}$，这时系统输出波形在峰值点上不产生前后符号间干扰。

常用的重要参量有：$B=f_{\mathrm{N}}$（奈氏频带）；$f_{\mathrm{s}}=2f_{\mathrm{N}}$（奈氏速率）；$T=1/(2f_{\mathrm{N}})$（奈氏间隔）。

2. 具有滚降特性的低通滤波器

1）具有幅频滚降特性的低通网络的提出

（1）理想的低通滤波特性很难实现。

（2）响应波形 $h(t)$ 的"尾巴"——衰减振荡幅度较大，对接收端时钟信号准确度要求极高。

2）幅频滚降特性的传递函数

（1）滚降特性。

相对于理想低通特性的幅频特性，滚降低通滤波器的幅频特性在 f_{N} 处不是垂直截止特性，而是有一定的缓变过渡特性（或圆滑），这种缓变过渡特性称为滚降特性，一般要求系统的幅频特性在$(f_{\mathrm{N}},1/2)$点奇对称，如图 5-20 所示。

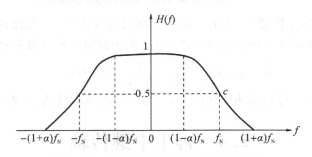

图 5-20　具有幅频滚降特性的传递函数

（2）滚降系数。

滚降低通滤波器的滚降系数为

$$\alpha=\frac{f_{a}}{f_{\mathrm{N}}} \qquad (5-3)$$

式中，α 为滚降系数，f_a 为截止频率所增加的频带。f_a 的取值应在 $0\sim f_{\mathrm{N}}$ 内，因此 α 的取值应在 $0\sim 1$ 的范围内。

（3）频带。

滚降低通滤波器的频带为

$$B=(1+\alpha)f_{\mathrm{N}} \qquad (5-4)$$

α 取值不同，滚降特性不同，如图 5－21 所示。

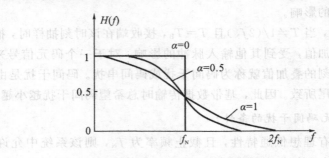

图 5－21　不同 α 时幅频特性

幅频滚降特性网络冲激响应 $h(t)$ 的曲线如图 5－22 所示。

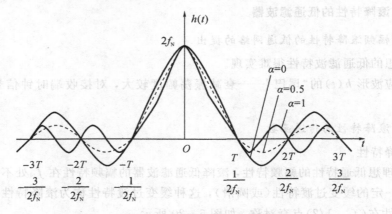

图 5－22　不同 α 时幅频滚降特性网络冲激响应 $h(t)$

由图 5－22 可见，α 值越大，其冲激响应的尾巴衰减越快，因此允许取样定时相位有较大的偏移。然而，α 值越大，频带利用率就越小，因为这时频带利用率为

$$\eta = \frac{2f_N}{(1+\alpha)f_N} = \frac{2}{1+\alpha} \quad \text{Bd/Hz} \tag{5-5}$$

当 α＝1 时，频带传输效率为 1 Bd/Hz；当 α＝0 时，频带传输效率为 2 Bd/Hz。

5.4　再生中继传输

5.4.1　再生中继传输的作用

传输信道是通信系统必不可少的组成部分，而信道中又不可避免地存在噪声与干扰，因此基带传输信号在信道中传输时将受到衰减和噪声干扰的影响。随着信道长度的增加，接收信噪比将下降，误码增加，导致通信质量下降。

信道传输特性对信号的传输是有影响的。由传输线基本理论可知，传输线衰减频率特性是与 $\sqrt{f}$ 成正比变化的（f 是传输信号的频率）。图 5－23 所示为三种不同电缆的传输衰减特性。可见，衰减是与频率有关的。具有较宽频谱的数字信号通过电缆传输后，会改变信号频谱幅度的比例关系。

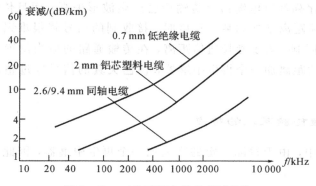

图 5 - 23　三种不同电缆的衰减特性

一个脉宽为 0.4 μs、幅度为 1 V 的矩形脉冲(实际上它代表 1 个"1"码)通过不同长度的电缆传输后的波形示意图如图 5 - 24 所示。

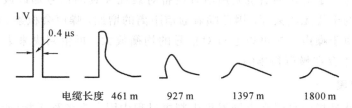

图 5 - 24　经电缆传输后脉冲波形失真示意图

由图 5 - 24 可见，这种矩形脉冲信号经信道传输后，波形产生失真，其失真主要反映在以下几个方面：

（1）接收到的信号波形幅度变小。这是由于传输线存在衰减造成的。传输距离越长，衰减越大，幅度降低越明显。

（2）波峰延后。这反映了传输线的延迟特性。

（3）脉冲宽度大大增加。这是由于传输线有频率特性，使波形产生严重的失真而造成的。波形失真最严重的后果是产生拖尾，这种拖尾失真将会造成数字信号序列的码间干扰。

假设一个双极性半占空数字信号序列如图 5 - 25(a)所示，则它经电缆信道传输后的波形如图 5 - 25(b)所示。

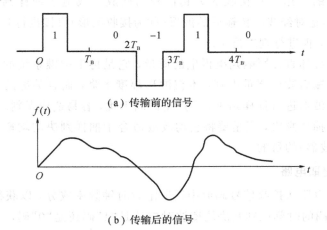

（a）传输前的信号

（b）传输后的信号

图 5 - 25　双极性半占空数字信号序列及经信道传输后的失真波形

由于数字信号序列经过电缆信道传输后会产生波形失真，而且传输距离越长，波形失真越严重，当传输距离增加到某一长度时，接收到的信号将很难识别，因此，PCM 信号传输距离将受到限制。为了延长通信距离，在传输通路的适当位置处应设置再生中继装置，即每隔一定的距离加一个再生中继器，使已失真的信号经过整形后再向更远的距离传送。

5.4.2　再生中继传输系统的特点

再生中继系统中，由于每隔一定的距离加一个再生中继器，因此它有以下两方面的特点：

1．无噪声积累

我们知道数字信号在传输过程中会受到噪声的影响，噪声主要会导致信号幅度的失真。模拟信号传送一定的距离后也要用增音设备对衰耗失真的信号加以放大，这时噪声也会被放大，噪声的干扰无法去掉。因此随着通信距离的增加，噪声会积累。而数字通信中的中继传输系统，由于噪声干扰可以通过对信号的均衡放大、再生判决来去掉，因此理想的中继传输系统是不存在噪声积累的。

2．有误码积累

所谓误码，就是指信息码在中继器再生判决过程中因存在各种干扰（码间干扰、噪声干扰等），会导致判决电路的错误判决，即将"1"码误判成"0"码，或将"0"码误判成"1"码。这种误码现象无法消除，反而随通信距离的增长而积累。因为各个再生中继器都有可能产生误码，所以通信距离越长，中继站越多，误码积累也越多。

5.4.3　再生中继器

再生中继器主要由三部分基本电路组成，即均衡放大电路、定时时钟提取电路和判决再生电路。

1．均衡放大电路

均衡放大电路的作用是将接收的失真信号均衡放大成适于抽样判决的波形（均衡波形）。再生中继器不是对经线路传输后的波形（称为接收波形）直接进行判决再生，而是先将其均放成均衡波形，再进行判决再生。

识别点波形的好坏直接影响判决再生的质量，它是再生中继系统的关键问题。而数字信号序列经线路传输后波形严重失真，不仅波形幅度下降，而且关键的是出现拖尾。如果直接对这种失真的波形进行抽样判决，会产生码间干扰，容易造成误判。所以，不宜直接对这种失真波形进行抽样判决，而是要将它均放成适合于抽样判决的均衡波形。这就是加均衡放大器（接收滤波器）的目的。

2．定时时钟提取电路

定时时钟提取电路从接收信号码流中提取定时时钟频率成分，以获得再生判决电路的定时脉冲。为在正确的时刻识别判决均衡波对应的是"1"码还是"0"码，并把它恢复成一定宽度和幅度的脉冲，各再生中继器必须具有与发送定时时钟同步的定时电路。

3. 判决再生(即抽样判决与码形成)电路

判决再生电路对均衡波形进行抽样判决,并进行脉冲整形,形成与发送端一样的脉冲形状。

判决再生又称识别再生,识别是指从已经均衡的均衡波形中识别出"1"码或"0"码。为了做到正确地识别,识别应该在最佳时刻进行,即在均衡波的峰值处进行识别,因此采用抽样判决的方法进行识别。当然,在识别时要有一个依据,就是判决门限电平,通常取判决门限电平为均衡波峰值的一半(有码间干扰时,可酌情考虑)。所谓再生,就是将判决出来的码元进行整形与变换,对信号的衰减进行补偿,形成半占空的双极性码。因此,再生电路也称为码形成电路。

5.5 眼 图

在整个通信系统中,通常利用眼图方法来估计和改善(通过调整)传输系统的性能。

我们知道,在实际的通信系统中,数字信号经过非理想的传输系统必定要产生畸变,也会引入噪声和干扰,也就是说,总是在不同程度上存在码间串扰。在码间串扰和噪声同时存在的情况下,系统性能很难进行定量的分析,甚至得不到近似结果。为了便于评价实际系统的性能,常用观察眼图进行分析。

眼图可以直观地评价系统的码间干扰和噪声的影响,是一种常用的测试手段。

1. 眼图的概念

所谓"眼图",就是将解调后经过接收滤波器输出的基带信号中的一个或少数码元,以码元时钟作为同步信号,周期性地反复扫描在示波器屏幕上显示的波形。干扰和失真所产生的传输畸变,可以在眼图上清楚地显示出来。因为对于二进制信号波形,它很像人的眼睛,故称眼图。

在图 5-26 中,画出了两个无噪声的波形和相应的"眼图",一个无失真,另一个有失真(码间串扰)。

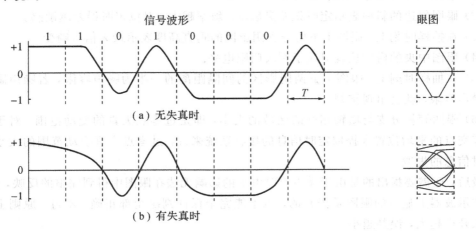

图 5-26　无失真及有失真时的波形及眼图

从图 5-26 中可以看出,眼图是由虚线分段的接收码元波形叠加组成的。眼图中央的垂直线表示取样时刻。当波形没有失真时，眼图是一只"完全张开"的眼睛。在取样时刻，所有可能的取样值仅有两个：+1或−1。当波形有失真时，"眼睛"部分闭合，取样时刻信号取值就分布在小于+1或大于−1附近。这样，保证正确判决所容许的噪声电平就减小了。换言之，在随机噪声的功率给定时，将使误码率增加。"眼睛"张开的大小就表明失真的严重程度。

2. 眼图参数及系统性能

为便于说明眼图和系统性能的关系，我们将它简化成如图5-27所示的形状。

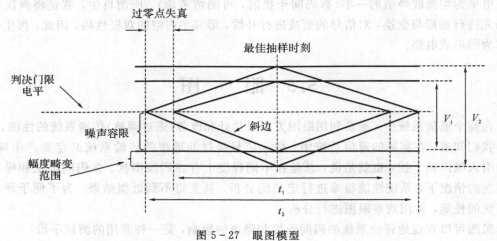

图 5 - 27 眼图模型

定义眼图的垂直张开度为 $E_0 = \dfrac{V_1}{V_2}$，眼图的水平张开度为 $E_1 = \dfrac{t_1}{t_2}$。

眼图的垂直张开度表示系统的抗噪声能力，眼图的水平张开度反映过门限失真量的大小。眼图的张开度受噪声和码间干扰的影响，当信道的信噪比很大时，眼图的张开度主要受码间干扰的影响，因此观察眼图的张开度就可以评估系统干扰的大小。

从眼图中我们可以得到以下信息：

（1）最佳抽样时刻是"眼睛"张开最大的时刻。

（2）眼图斜边的斜率表示定时误差灵敏度。斜率越大，对位定时误差越敏感。

（3）在抽样时刻上，眼图上下两分支阴影区的垂直高度表示最大信号畸变。

（4）眼图中央的横轴位置对应于判决门限电平。

（5）在抽样时刻上，眼图上下两阴影区的间隔距离的一半为噪声容限，若噪声瞬时值超过噪声容限，就会出现错判。

（6）眼图倾斜分支与横轴相交的区域的大小，即是过零点失真的变动范围。对于利用信号零交点的平均位置来提取定时信息的接收系统来说，过零点失真变动范围的大小会影响定时信息的提取。

最后，还需要指出的是由于噪声瞬时电平的影响无法在眼图中得到完整的反映，因此，即使在示波器上显示的眼图是张开的，也不能完全保证判决全部正确。不过，原则上总是眼睛张开得越大，误判越小。

总之，掌握了眼图的各项指标后，在利用均衡器对接收信号进行均衡处理时，只需观察眼图就可以判断均衡效果，确定信号传输的基本质量。

5.6　操 作 训 练

5.6.1　基带信号的常见码型变换实验

操作所需要的设备有 RZ9681 实验平台、主控模块、基带数据产生与码型变换模块 A2、100M 双通道示波器、信号连接线。

通过操作训练，熟悉 RZ 码、BNRZ 码、BRZ 码、CMI 码、曼彻斯特码、密勒码等码型变换的原理及工作过程，熟悉数字基带信号码型变换测量点的波形。

1. 实验框图

码型变换实验框图如图 5 - 28 所示。

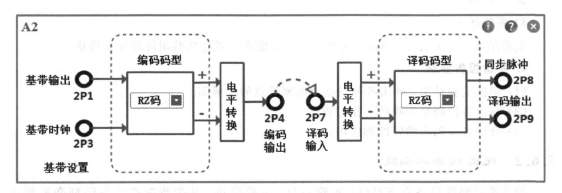

图 5 - 28　码型变换实验框图

2. 模块测量点说明

（1）2P1：基带数据输出；

（2）2P3：基带时钟输出；

（3）2P4：编码信号输出；

（4）2P7：译码信号输入；

（5）2P9：译码输出。

3. 实验内容及步骤

1）实验准备

（1）实验模块在位检查。

在关闭系统电源的情况下，确认基带数据产生与码型变换模块 A2 在位。

（2）加电。

打开系统电源开关，A2 模块右上角红色电源指示灯亮，几秒后 A2 模块左上角绿色运行指示灯开始闪烁，说明模块工作正常。若两个指示灯工作不正常，需关电查找原因。

（3）连接信号线。

使用信号连接线按照实验框图中的连线方式进行连接，并理解每个连线的含义。

（4）选择实验内容。

在液晶显示屏上选择"基带传输实验"中的"码型变换"，进入到码型变换实验功能页面。

2）编码观测

用鼠标在码型变换界面上选择码型和相应的基带数据，基带数据可以是随机码或 16 位设置数据，基带速率设为 64 kb/s 或 128 kb/s。示波器一个通道测 2P1，另一个通道测 2P4。分别选择下列编码码型并观测：

☆ RZ 码（单极性归零码）

☆ BNRZ 码（双极性不归零码）

☆ BRZ 码（双极性归零码）

☆ 曼彻斯特码

☆ 密勒码

3）实验结束

实验结束，关闭电源，拆除信号连线，并按要求放置好实验附件和实验模块。

4. 实验报告要求

（1）根据实验结果，画出各种码型变换测量点的波形图。

（2）写出各种码型变换的工作过程。

（3）分析各种码元的特性和应用。

5.6.2 线路编译码实验

操作所需要的设备有 RZ9681 实验平台、主控模块、基带数据产生与码型变换模块 A2、100M 双通道示波器、信号连接线。

通过操作训练，掌握 AMI 码、HDB3 码、CMI 码的编译码规则，了解 AMI 码、HDB3 码、CMI 码的编译码实现方法。

1. 实验框图

线路编译码实验框图如图 5 - 29 所示。

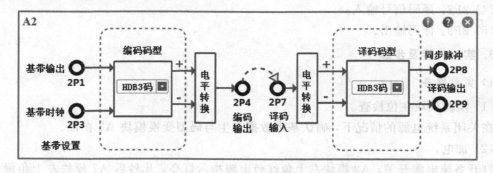

图 5 - 29　线路编译码实验框图

2. 模块测量点说明

（1）2P1：基带数据输出；

（2）2P4：编码数据输出；

（3）2P7：译码数据输入；

（4）2P9：译码输出。

3. 实验内容及步骤

1）实验准备

（1）实验模块在位检查。

在关闭系统电源的情况下，确认基带数据产生与码型变换模块 A2 在位。

（2）加电。

打开系统电源开关，A2 模块右上角红色电源指示灯亮，几秒后 A2 模块左上角绿色运行指示灯开始闪烁，说明模块工作正常。若两个指示灯工作不正常，需关电查找原因。

（3）连接信号线。

使用信号连接线按照实验框图中的连线方式进行连接，并理解每个连线的含义。

（4）选择实验内容。

在液晶显示屏上选择"基带传输实验"中的"线路编译码"，进入到线路编译码实验功能页面。

2）CMI 编译码观测

用鼠标在图 5-29 所示实验框图上选择 CMI 和基带数据，基带数据可以是随机码或 16 位设置数据，基带速率设为 64 kb/s 或 128 kb/s。改变设置数据，分析并观测编码数据，示波器一个通道测 2P1，另一个通道测 2P4。

3）AMI 编译码观测

用鼠标在图 5-29 所示实验框图上选择 AMI 和基带数据，基带数据可以是随机码或 16 位设置数据，基带速率设为 64 kb/s 或 128 kb/s。改变设置数据，分析并观测编码数据，示波器一个通道测 2P1，另一个通道测 2P4。

4）HDB3 编译码观测

用鼠标在图 5-29 所示实验框图上选择 HDB3 和基带数据，基带数据可以是随机码或 16 位设置数据，基带速率设为 64 kb/s 或 128 kb/s。改变设置数据，分析并观测编码数据，示波器一个通道测 2P1，另一个通道测 2P4。

5）实验结束

实验结束，关闭电源，拆除信号连线，并按要求放置好实验附件和实验模块。

4. 实验报告要求

（1）根据实验结果，画出 CMI 码、AMI 码、HDB3 码编译码电路各测量点的波形图，在图上标上相位关系。

（2）根据实验测量波形，阐述其波形编码过程。

（3）分析并叙述 HDB3 编译码时，2P1 和 2P9 间的时延关系。

5.6.3 基带眼图观测实验

操作所需要的设备有 RZ9681 实验平台、主控模块、基带数据产生与码型变换模块

A2、信道编码与频带调制模块 A4、纠错译码与频带解调模块 A5、100M 双通道示波器、信号连接线。

通过操作训练，掌握眼图观测方法，学会用眼图分析通信系统性能。

1. 实验框图

眼图实验框图如图 5-30 所示。

如果观察原理性眼图，我们可以通过液晶显示屏选定眼图实验内容，此时解调模块左侧下边的指示灯闪，旋转编码开关调整信道仿真滤波器特性；如果要观察 PSK 解调眼图，则先进入 PSK 解调状态，在解调电路调好后，按编码开关数次，直到左侧下边状态指示灯闪进入眼图观测状态。

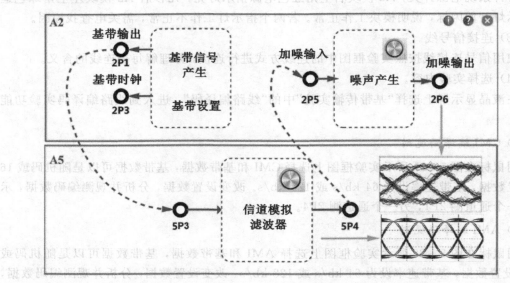

图 5-30　眼图实验框图

2. 各模块测量点说明

1) 基带数据产生与码型变换模块 A2

(1) 2P1：基带数据输出；

(2) 2P3：基带时钟输出；

(3) 2P5：加噪信号输入；

(4) 2P6：加噪后信号输出。

2) 纠错译码与频带解调模块 A5

(1) 5P3：眼图观测电路信号输入；

(2) 5P4：眼图信号输出。

3. 实验内容及步骤

1) 实验准备

(1) 实验模块在位检查。

在关闭系统电源的情况下，确认基带数据产生与码型变换模块 A2、纠错译码与频带解调模块 A5 在位。

（2）加电。

打开系统电源开关，A2、A5 模块右上角红色电源指示灯亮，几秒后 A2、A5 模块左上角绿色运行指示灯开始闪烁，说明模块工作正常。若两个指示灯工作不正常，需关电查找原因。

（3）连接信号线。

使用信号连接线按照实验框图中的连线方式进行连接，并理解每个连线的含义。

（4）选择实验内容。

在液晶显示屏上选择"基带传输实验"中的"眼图"，进入到眼图实验功能页面。

2）基带信号眼图观察

从液晶显示屏上选择进入眼图观察实验，确认模块 A5 眼图状态指示灯闪；选择基带数据速率为 32 kb/s；用示波器一个通道观测基带时钟 2P3，并用该通道作同步；另一通道测 5P4。调 A5 模块编码开关，使眼图眼睛张开最大，眼皮最薄，抽样时刻最佳，如图 5-31 所示。一般而言，眼皮越厚，则噪声与码间串扰越严重，系统的误码率越高。

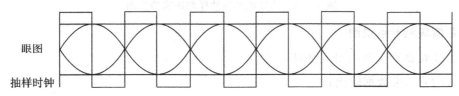

图 5-31　基带经信道模拟滤波器眼图

3）基带加噪信号眼图观察

将 5P4 和 2P5 用导线连接，用测 5P4 的示波器通道测 2P6，调 A2 模块编码开关增减噪声，观测眼图变化，理解噪声对码元再生的影响。

4）实验结束

实验结束，关闭电源，拆除信号连线，并按要求放置好实验附件和实验模块。

4. 实验报告要求

（1）叙述眼图的产生原理及其作用。

（2）测量和计算眼图的特性参数，评估系统性能。

5.6.4　基带成形与抽样判决实验

操作所需要的设备有 RZ9681 实验平台、主控模块、基带数据产生与码型变换模块 A2、信道编码与频带调制模块 A4、纠错译码与频带解调模块 A5、100M 双通道示波器、信号连接线。

通过操作训练，理解 Nyquist 基带传输设计准则，熟悉升余弦基带传输信号的特点，掌握眼图信号的观察方法，理解评价眼图信号的基本方法。

1. 实验框图

基带成形与抽样判决实验框图如图 5-32 所示。"基带设置"用于改变成形的基带数据，"成形参数"用于选择成形类型。

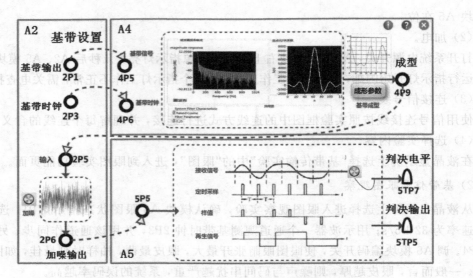

图 5-32　基带成形与抽样判决实验框图

2. 各模块测量点说明

1）基带数据产生与码型变换模块 A2

（1）2P1：基带数据输出；

（2）2P3：基带时钟输出；

（3）2P5：加噪信号输入；

（4）2P6：加噪后信号输出。

2）信道编码与频带调制模块 A4

（1）4P5：调制数据输入；

（2）4P6：调制数据时钟输入；

（3）4P9：成形输出。

3）纠错译码与频带解调模块 A5

（1）5P5：抽样判决输入；

（2）5TP5：判决输出（信号恢复）；

（3）5TP7：判决电平。

注：基带成形与抽样判决时模块 A4 和 A5 左侧指示灯应工作在如图 5-33 所示状态，这时 A5 编码开关旋转调整的是判决电平。

（a）　　　　　　　　　　　　　　（b）
模块A4状态指示　　　　　　　　　模块A5状态指示

图 5-33　指示灯状态

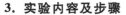

3. 实验内容及步骤

1）实验准备

（1）实验模块在位检查。

在关闭系统电源的情况下，确认基带数据产生与码型变换模块 A2、信道编码与频带调制模块 A4、纠错译码与频带解调模块 A5 在位。

（2）加电。

打开系统电源开关，A2、A4 和 A5 模块右上角红色电源指示灯亮，几秒后 A2、A4 和 A5 模块左上角绿色运行指示灯开始闪烁，说明模块工作正常。若两个指示灯工作不正常，需关电查找原因。

（3）连接信号线。

使用信号连接线按照实验框图中的连线方式进行连接，并理解每个连线的含义。

（4）选择实验内容。

在液晶显示屏上选择"基带传输实验"中的"基带成形与抽样判决"，进入到基带成形与抽样判决实验功能页面。

2）基带成形信号观察

本实验只对速率 32 kb/s 的基带数据有效，改变成形滤波器类型，如图 5-34 所示，用示波器观测成形后的基带信号，示波器一个通道测 4P5，另一个通道测 4P9；用示波器 FFT 功能，分别观测基带成形前后的频谱。

图 5-34　成形滤波器类型

3）抽样判决

将成形后的信号加噪，改变 A2 模块编码开关调整噪声电平（示波器测 2P6），改变 A5 模块编码开关调整判决电平（示波器测 5P7），用示波器测 5P5 判决恢复信号。

4）实验结束

实验结束，关闭电源，拆除信号连线，并按要求放置好实验附件和实验模块。

4. 实验报告要求

（1）分别画出基带成形前后的频谱图，从频谱图定量分析成形对消除码间串扰的作用。

（2）分析 α 增加（或减小）、频谱展宽（或减小）、时间旁瓣减小（或增大）、定时灵敏度减小（或增大）的原理。

本 章 小 结

根据实际信号的频谱特性，常常把信号分为基带信号（信号频谱在零频率附近）和频带信号（信号频谱远离零频率）。如果在数字通信系统中信号的传递过程始终保持信号频谱在零频率附近，该通信系统常被称为数字信号的基带传输系统（或数字基带传输系统）。

常用数字基带信号的码型有单、双极性不归零码，单、双极性归零码，AMI 码，HDB码，曼彻斯特码和密勒码等。通过对其功率谱的分析，可了解信号各频率分量的大小，以便选择适合于线路传输的序列波形，并对信道频率特性提出合理要求。

基带信号传输时，要考虑码元间的相互干扰，即码间串扰问题。奈奎斯特第一准则给出了抽样无失真条件，理想低通型滤波器和升余弦滤波器都能满足奈氏第一定理。理想低通滤波器的频带利用率为 2 Bd/Hz，但不实用；而升余弦滤波器的频带利用率虽低于极限利用率，但带宽却是理想低通的两倍。

由于实际信道特性很难预先知道，在实际中要做到信号传输完全无码间串扰是不可能的。为了实现最佳化传输的效果，常用眼图监测系统性能，并采用均衡技术和部分响应技术改善和减小码间串扰的影响，提高系统的可靠性。

课 后 练 习

一、填空题

1. 基带数字信号是指频谱从（　　）开始。

2. 单极性不归零码的频谱中含有（　　）成分，无（　　）成分，低频成分（　　），（　　）误码检测能力。

3. HDB3 码的取代节有（　　）和（　　），经 HDB3 编码后最多连零数有（　　）个。

4. CMI 编码规则是将原来二进制码流中的"0"码编为（　　），"1"码编为（　　）。编码后码流中最多连"0"、连"1"个数为（　　）个。

5. 接收机再生判决器误判的主要原因是（　　）和（　　）。

6. 一个冲激信号经过理想低通信道后，其脉冲被展宽，在（　　）处有最大值，响应值在（　　）有很多零点，每隔（　　）有一个零点。

7. 滚降系数 α 值越（　　），频带利用率就越（　　），频带传输效率最高为（　　）。

8. 再生中继系统的特点是有（　　）积累，无（　　）积累。

9. 再生中继器主要由（　　）、（　　）和（　　）组成。

10. （　　）可以直观地评价系统的码间干扰和噪声的影响。

11. 滚降系数 α 的取值范围是（　　）。

二、选择题

1. 设某传输码序列为 $+1-10000+100-1+100-1+100-1$，该传输码属于（　　）。
A. RZ 码　　　　　B. HDB3 码　　　　　C. CMI 码　　　　　D. AMI 码

2. 设某传输码序列为 $+1-100-1+100+1-1000-1+100-1$，该传输码属于（　　）。
A. AMI 码　　　　　B. CMI 码　　　　　C. HDB3 码　　　　　D. RZ 码

3. 我国 PCM 数字设备间的传输接口码型是（　　）。

A. AMI 码　　　　　B. HDB3 码　　　　　C. NRZ 码　　　　　D. RZ 码

4. 以下数字码型中，功率谱中含有时钟分量的码型是（　　）。

A. NRZ 码　　　　　B. RZ 码　　　　　C. AMI 码　　　　　D. HDB3 码

5. 以下数字码型中，不具备一定的检测差错能力的码型是（　　）。

A. NRZ 码　　　　　B. CMI 码　　　　　C. AMI 码　　　　　D. HDB3 码

6. 传输码序列为 $+1-100-1+100+1-1000-1+100-1$，在接收端正确恢复出的数字序列为（　　）。

A. 110011001100011001　　　　　B. 100000000100000000

C. 110001000100001001　　　　　D. 100000000100001001

7. 观察眼图应使用的仪表是（　　）。

A. 频率计　　　　　B. 万用表　　　　　C. 示波器　　　　　D. 扫频仪

三、画图与计算题

1. 已知某二进制数字序列为 11000000001101000011，试以矩形脉冲为例，分别画出相应的 RZ 码、BRZ 码、NRZ 码、BNRZ 码、AMI 码、CMI 码、HDB3 码、曼彻斯特码和密勒码的波形。

2. 一成形滤波器幅度特性如图 5-35 所示。

(1) 如果符合奈氏第一准则，其符号速率为多少？α 为多少？

(2) 采用八电平传输时，传信速率为多少？

(3) 频带利用率 η 为多少？

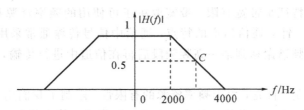

图 5-35　成形滤波器幅度特性

第6章 频带传输

本章主要介绍调制的概念、调制的种类及几种常用的数字调制解调实现方式、调制波形及频谱分析。

通过本章的学习，了解频带传输的概念，掌握 ASK、FSK、PSK、DPSK、QAM 等常用调制解调方式的基本原理，会画二进制数字调制波形图。

6.1 概　　述

6.1.1 调制的概念

通信信道的基本特征是带宽有限，带宽取决于可使用的频率资源和信道的传播特性，受干扰和噪声影响大。针对通信信道的特点，通信中信号传输通常采用频带传输。频带传输是指将基带信号的频谱搬移到某一高频频段后再在信道中进行传输，这个频谱搬移过程称为调制。

为什么要进行调制？首先，由于频率资源的有限性，限制了我们用开路信道传输信息。再者，通信的最终目的是远距离传递信息。由于传输失真、传输损耗以及保证带内特性的原因，基带信号是无法在无线信道或光纤信道上进行长距离传输的。为了进行长途传输，必须对数字信号进行载波调制将信号频谱搬移到高频处才能在信道中传输。

实现频谱搬移后的信号称为已调信号，调制过程用于通信系统的发送端。在接收端需将已调信号还原成要传输的原始信号，该过程称为解调。把包括调制和解调过程的传输系统称为频带传输系统，而把调制器和解调器简称为 Modem。频带传输与基带传输的主要区别就是增加了调制与解调的环节。

6.1.2 调制的种类

按照输入的基带信号(该信号称为调制信号)不同，调制可分为模拟调制和数字调制。

模拟调制是利用模拟信号调制载波信号的幅度、频率或相位，可得到调幅(AM)、调频(FM)或调相(PM)信号。

数字调制是利用数字信号控制载波信号的幅度、频率或相位。因数字信号只有几个离散值，数字调制可以通过数字信号去控制开关，选择具有不同参量的载波来实现，为此把数字信号的调制方式称为键控。

常用的数字调制有：幅移键控(ASK)、频移键控(FSK)和相移键控(PSK)等。

根据数字信号进制的不同，数字调制可分为二进制调制和多进制调制。如 2ASK、QAM、MQAM、2FSK、MFSK、2PSK、2DPSK、QPSK、OQPSK 等。

6.2 二进制数字调制

6.2.1 二进制幅移键控(2ASK)

1. 2ASK 信号的波形

2ASK 是一种最简单的数字调幅方式。所谓数字调幅，是指载波幅度随基带数据信号变化的调制方式。

实现 2ASK 最简单的方法是在单极性二进制数字信息序列的控制下，1 时发送载波，0 时不发送载波，2ASK 信号波形示意图如图 6-1 所示。

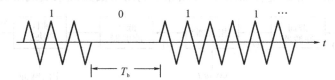

图 6-1 2ASK 信号波形

通常把这种二进制幅移键控方式称为通断键控(OOK)。它的第 n 个码元已调信号的时域表达式为

$$S_{OOK}(t) = a_n \cdot A\cos\omega_c t$$

2. 2ASK 信号的调制与解调

1) 2ASK 信号的产生方法

(1) 相乘法。

如图 6-2(a)所示，$m(t)$ 为单极性信号，可以为 0 或 1。当 $m(t)=0$ 时，输出信号为 0；当 $m(t)=1$ 时，输出信号与输入信号相同。

(2) 键控法。

如图 6-2(b)所示，$m(t)$ 为单极性信号，可以为 0 或 1。当 $m(t)=0$ 时，开关断开，输出信号为 0；当 $m(t)=1$ 时，开关闭合，输出信号与输入信号相同。

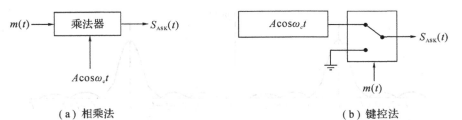

(a) 相乘法　　　　　　　　　　　　　　(b) 键控法

图 6-2 二进制幅移键控产生方法

2) 2ASK 信号的解调方法

常见 2ASK 信号的解调方法有相干解调和非相干解调两种，其中，非相干解调方法如图 6-3 所示。

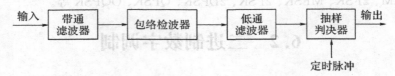

图 6-3　2ASK 信号的非相干解调

图 6-3 中各部分作用如下：

带通滤波器：限制频带宽度（滤除信道中所产生的干扰）；

包络检波器：检出信号波形（用于大信号解调）；

低通滤波器：滤除高频杂波（由载波所产生的高频杂波）；

抽样判决器：恢复原信号（判断是"1"还是"0"）。

2ASK 信号的相干解调过程如图 6-4 所示，利用乘法原理来实现解调。

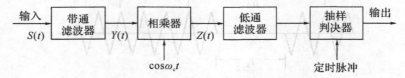

图 6-4　2ASK 信号的相干解调

发送端（调制）：

$$Y(t) = S(t) \times \cos\omega_c t \tag{6-1}$$

接收端（解调）：

$$
\begin{aligned}
Z(t) &= Y(t) \times \cos\omega_c t \\
&= S(t) \times \cos 2\omega_c t \\
&= S(t) \times 0.5(1 + \cos 2\omega_c t) \\
&= 0.5 \times \underset{\text{基带信号}}{S(t)} + 0.5 \times \underset{\text{高频载波}}{S(t)\cos 2\omega_c t}
\end{aligned} \tag{6-2}
$$

经过相乘器产生的高频载波，再通过低通滤波器就可滤除。

3. 2ASK 信号的功率谱分析

2ASK 信号的功率谱如图 6-5 所示，该功率谱具有两个边带，且两个边带含有相同的信息。

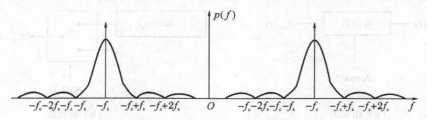

图 6-5　2ASK 信号的功率谱

由图 6-5 可以看出：

（1）2ASK 信号的功率谱密度由连续谱和离散谱组成。

（2）2ASK 信号的功率谱是双边带谱，其带宽是基带信号带宽的两倍。即调制后信号所占带宽为

$$B = 2f_s \quad (f_s\ 为基带信号的带宽)$$

通过以上分析可以看出，2ASK 信号易于实现，但抗干扰能力差，频带利用率较低。

6.2.2 二进制绝对相移键控（2PSK）和二进制差分相移键控（2DPSK）

相移键控（PSK）是利用载波相位变化来传递信息的。PSK 与 ASK 相比，抗干扰性能好；与 FSK 相比，频谱利用率高。因此，PSK 是一种适用于中、高速数字传输的调制方式。

1. 二进制绝对相移键控（2PSK）

所谓二进制绝对相移键控（2PSK），是用输入的二进制数字信号控制载波初始相位 $\theta(a_n)$ 的变化，使信号"0"和"1"分别对应载波的两个不同初始相位。通常这两个相位相隔 π 弧度，其表达式为

$$\theta(a_n) = \theta_0 + a_n\pi = \begin{cases} \theta_0 & a_n = 0 \\ \theta_0 + \pi & a_n = 1 \end{cases} \tag{6-3}$$

其中

$$\theta_0 = 常数 = \begin{cases} 0 \\ \dfrac{\pi}{2} \end{cases}$$

当 θ_0 等于 0 时：

$$\theta(a_n) = \begin{cases} 0 & a_n = 0 \\ \pi & a_n = 1 \end{cases} \tag{6-4}$$

用 0 相（0°）和 π 相（180°）分别表示二进制信号"0"和"1"。

当 θ_0 等于 $\dfrac{\pi}{2}$ 时：

$$\theta(a_n) = \begin{cases} \pi/2 & a_n = 0 \\ 3\pi/2 & a_n = 1 \end{cases} \tag{6-5}$$

用 $\pi/2$ 相（90°）和 $3\pi/2$ 相（270°）分别表示二进制信号"0"和"1"，如图 6-6 所示。

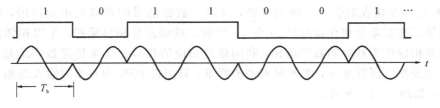

图 6-6 2PSK 信号波形示意图

1）2PSK 信号的产生方法

（1）键控法（相位选择法）。

如图 6-7 所示，数字信息序列 $m(t)$ 为单极性信号，可以为 0 或 1。若 $m(t) = 0$，则 $S_{psk}(t) = \cos\omega_c t$；若 $m(t) = 1$，则 $S_{psk}(t) = \sin\omega_c t$。

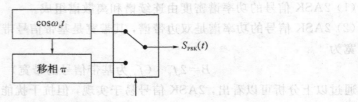

图 6-7 PSK 信号产生（键控法）

（2）相乘法。

a_n 为双极性信号，即

$$a_n = \begin{cases} +1 \\ -1 \end{cases}$$

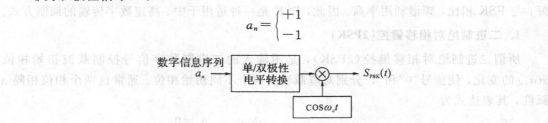

图 6-8 PSK 信号产生（相乘法）

2）2PSK 信号的解调方法

PSK 解调可采用相干解调，如图 6-9 所示。若 $y(t) > 0$，则判决为"+1"；若 $y(t) < 0$，则判决为"-1"。

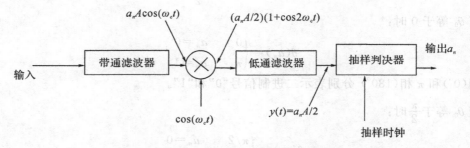

图 6-9 2PSK 信号的相干解调

2. 二进制差分相移键控（2DPSK）

2PSK 信号在接收端会产生倒相现象，这对于数据信号的传输是不允许的，所以有实用价值的是二进制差分相移键控（2DPSK）。所谓二进制差分相移键控，是以相邻前一码元的已调载波相位作为基准的数字调相，利用载波相位的相对变化来传递数字信息。2DPSK 信号能够克服相位倒置现象，实现起来也不困难，只需在 PSK 调制器的输入端加一级差分编码电路，如图 6-10 所示。

图 6-10 2DPSK 信号产生

各信号间的关系有

$$d_k = a_k \oplus d_{k-1}, \quad a_k = d_k \oplus d_{k-1} \tag{6-6}$$

其中，a_k 称为绝对码，d_k 称为差分码或相对码，$\oplus$ 为模 2 加符号。

相位基准：

$$\theta_0 = \theta(a_{n-1}) \tag{6-7}$$

初相位：

$$\theta(a_n) = \theta(a_{n-1}) + \pi \cdot a_n \tag{6-8}$$

虽然对同一 a_n，因 $\theta(a_n - 1)$ 可能有两种不同的取值而使得 $\theta(a_n)$ 也可能有两种不同的取值，但本码元相对于相邻前一码元已调载波初相位的相对变化量

$$\Delta\theta(a_n) = \theta(a_n) - \theta(a_{n-1}) = \pi \cdot a_n \tag{6-9}$$

与二进制码元 a_n 的关系却是唯一的。因此，我们可以利用相位差来表示二进制码元的不同状态信息。例如，我们可以规定当相邻码元载波的初始相位倒相，后一码元相对前一码元有相位差 π 时，传送二进制信息"1"；而当载波相位不发生变化，相位差为 0 时，传送二进制信息"0"，即

$$\Delta\theta = \Delta\theta(a_n) = \theta(a_n) - \theta(a_{n-1}) = \begin{cases} 0 & \text{传送"0"} \\ \pi & \text{传送"1"} \end{cases} \tag{6-10}$$

1) 2DPSK 信号的波形

2DPSK 信号的波形如图 6-11 所示。

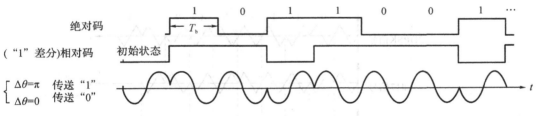

图 6-11 2DPSK 信号的波形

2) 2DPSK 信号的产生方法

将这种利用载波相位的相对变化来传递数字信息的差分相移键控与利用码元电平的相对变化来表示数字信息的差分编码联系起来，可以找到实现 DPSK 的方法是先对要发送的数字信息序列进行差分编码，再进行 PSK 调制。

由此可以看出，从发送端来看，DPSK 与 PSK 的区别仅仅在于对载波进行调制的数字信息序列是否经过差分编码。也就是说，若待传送的数字信息序列直接对载波进行调制，则为绝对相移键控；若待传送的数字信息序列（称为绝对码）先经过差分编码变为差分码（又称为相对码）再对载波进行调制，则为差分相移键控，又称为相对相移键控。

3) 2DPSK 的解调方法

2DPSK 常见的解调方法有两种：极性比较法和相位比较法。图 6-12 所示是极性比较法的实现原理框图。

图 6-12　2DPSK 信号解调之极性比较法

极性比较法是对 2DPSK 信号先进行 2PSK 解调,然后用码变换器将相对码变为绝对码,$a_n = D_n \oplus D_{n-1}$。

2DPSK 信号另一种解调方法是相位比较法,又称差分相干解调法。由于 2DPSK 信号的参考相位是相邻前一码元的载波相位,故解调时可直接比较前后码元载波的相位,从而直接得到相位携带的数据信息。相位比较法解调的原理框图如图 6-13 所示。

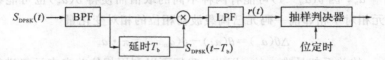

图 6-13　2DPSK 信号解调之相位比较法

其解调方法是将 2DPSK 信号延迟一个码元,由于 2DPSK 信号的参考载波相位是相邻前一个码元的载波相位,因此将 2DPSK 信号时延 T 后与输入的 2DPSK 信号比较就能实现相对调相波的解调。

2DPSK 信号分成两路,一路直接到乘法器,另一路经延迟一个码元的时间后作为相干载波也加于乘法器,乘法器完成相位比较功能。当前后码元相位相同时,输出一个正极性脉冲,当前后码元相位相反时,输出负脉冲,再经低通(低通滤除 $2f_c$ 产物)、取样判决、码形成电路输出原来的二元码(数据信号),其各点对应的波形如图 6-14 所示。

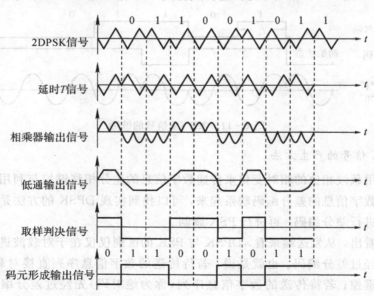

图 6-14　2DPSK 信号解调之相位比较法各点波形图

这种解调方法电路简单,但解调过程是以延迟一个码元的接收信号作为相干载波进行解调,这时相当于解调过程的噪声干扰较大,故性能较差。

2PSK 信号带宽与 2ASK 信号相同。

6.2.3　二进制频移键控(2FSK)

载波的幅度、相位不变,用两个不同的频率携带传递二进制数字信息,当发送"1"时对应于某个载波频率 ω_{c1},当发送"0"时对应于另一个载波频率 ω_{c0},我们把这种调制方式称为二进制频移键控(2FSK)。

1. 2FSK 信号的产生方法

二进制频移键控信号的产生通常采用键控法,使两个独立载波发生器的输出受控于输入的二进制信号,按照"1"或"0"分别选择一个载波作为输出,如图 6-15 所示。

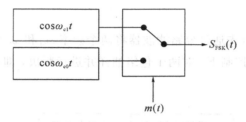

图 6-15　2FSK 信号的产生

2FSK 信号的波形和频谱如图 6-16 所示。

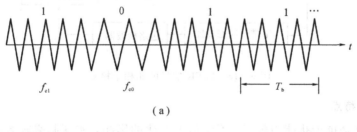

(a)

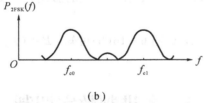

(b)

图 6-16　2FSK 信号的波形和频谱示意图

2. 2FSK 信号的解调方法

1) 相干解调

2FSK 信号的相干解调原理如图 6-17 所示。假设频率 ω_{c1} 代表"1",频率 ω_{c0} 代表"0"。抽样判决准则为 $x_1 > x_2$ 判为"1",反之,判为"0"。为了将两者分开,图中采用两个中心频率分别为 ω_{c1} 和 ω_{c0} 的带通滤波器,把代表"1"和"0"的载波信号分成独立的两路,再采用相干解调的方式分别进行解调。为了恢复原始数据信号,对两路低通滤波器的输出进行抽样判决。

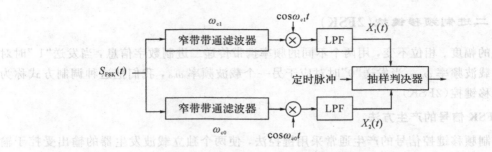

图 6-17　2FSK 信号的相干解调

2）非相干解调

将收到的 FSK 信号首先通过分路滤波器将两个频率 ω_{c1} 和 ω_{c0} 分开，再由包络检波器取出它们的包络。在时钟的控制下，对两个包络抽样并进行判决，即可恢复原始数字序列。非相干解调如图 6-18 所示。

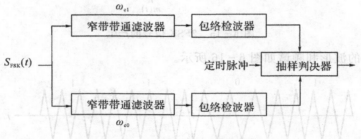

图 6-18　2FSK 信号的非相干检测

3. 2FSK 的特点

FSK 的优点是抗干扰能力较强，不受信道变化的影响，实现起来较容易，在中低速数据传输中得到了广泛的应用。

FSK 的缺点是占用频带较宽，如图 6-16(b)可知，$B=(f_{c1}-f_{c0})+2f_s$，其中 f_s 为基带信号的带宽。

6.3　多进制数字调制

6.3.1　多进制调制技术概述

二进制数字调制的基带数字信号只有两个状态即"1""0"或"+1""−1"。在多进制系统中，一位多进制符号代表若干位进制符号。在相同传码率条件下，多进制数字系统的信息速率高于二进制系统。在二进制系统中，随着传码率的提高，所需信道带宽增加。采用多进制可降低码元速率和减少信道带宽。同时，加大码元宽度，可增加码元能量，有利于提高通信系统的可靠性。

用 M 进制基带数字信号调制载波的幅度、相位和频率，可分别产生 MASK、MFSK 和 MPSK 三种多进制数字调制信号。

6.3.2　四相相移键控调制（QPSK）

1. 信号星座

所谓信号星座，即坐标系上的一个点阵，该点阵定义了信号所有状态的变化。

点的含义如图 6-19 所示，其中，点由长度（点到原点的距离）以及它与水平坐标轴的夹角所确定。

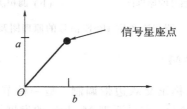

图 6-19　信号星座图上定义一个点

2. 四相相移生成

QPSK 四相调相，即 4PSK，是用载波的四种不同相位来表示传送的数据信息。如前所述，在 PSK 调制中，首先对输入的二进制数据进行分组，将二位数字编成一组，即构成双比特码元，双比特码元有 2^2 种组合，即有 2^2 种不同状态，故可以用 $M=2^2$ 种不同相位或相位差来表示，这里 $M=2^2=4$，故称为四相调相。

我们把组成双比特码元的前一信息比特用 A 代表，后一信息比特用 B 代表，并按格雷码排列，以便提高传输的可靠性。按国际统一标准规定，双比特码元与载波相位的对应关系有两种，称为 A 方式和 B 方式，它们的对应关系如表 6-1 所示，它们之间的矢量关系如图 6-20 所示。

表 6-1　双比特码元与载波相位对应关系

双比特码元	载波相位	
A　B	A 方式	B 方式
0　0	0°	225°
1　0	90°	315°
1　1	180°	45°
0　1	270°	135°

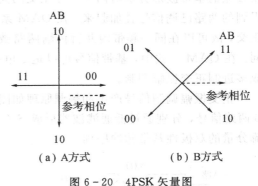

图 6-20　4PSK 矢量图

4PSK 信号可采用调相法产生，产生 4PSK 信号的原理图如图 6-21(a)所示。4PSK 信号可以看做两种正交的 2PSK 信号的合成，可用串/并变换电路将输入的二进制序列依次分为两个并行的序列。设二进制数字分别以 A 和 B 表示，每一对 AB 称为一个双比特码元。双极性 A 和 B 数据脉冲分别经过平衡调制器，对 0°相位载波 $\cos\omega_c t$ 和与之正交的载波 $\cos\left(\omega_c t+\dfrac{\pi}{2}\right)$ 进行二相调相，得到如图 6-21(b)所示四相信号的矢量表示图。

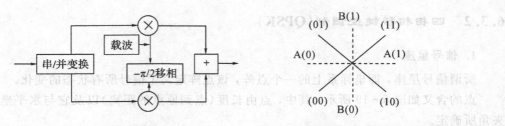

（a）调相法产生4PSK信号的原理图　　　　（b）调相法产生4PSK信号的矢量图

图 6 - 21　调相法产生 4PSK 信号的原理图及矢量图

6.3.3　正交振幅调制（QAM）

正交振幅调制（QAM），又称正交双边带调制，是一种节省频带的数字调幅方法。中、高速调制解调器中一般采用 QAM，它对话带 Modem 的发展起了重要作用。大约在 1966—1976 年的十年间，许多国家对部分响应单边带调制、残余边带调制和正交振幅调制进行了大量研究，最后肯定了 QAM 的优越性。因为单边带调制对发送滤波器的性能要求还是很高的，而且解调所需的相干载波必须通过发送导频来获取，这在信道允许功率限额不变时就相当于降低了信噪比；而残余边带调制又要求残余边带滤波器的传递函数在截止频率 f_c 点呈现严格的奇对称滚降特性，且相频特性保持线性。当滚降系数较小时，从接收信号中提取相干载波就很困难。而 QAM 调制，不仅频带利用率和单边带调制相同，而且它不需要发送用于载波同步的导频信号，故使信噪比占了很大优势。

1. 基本原理

正交调幅是由两路在频谱上成正交的抑制载频的双边带调幅所组成。具体方法是用两路独立的基带波形分别对两个相互正交的同频载波进行抑制载波的双边带调制，然后将所得到的两路已调信号叠加起来。在 QAM 系统中，由于两路已调信号在相同的带宽内频谱正交，故可以在同一频带内并行传输两路数据信息，因此，其频带利用率和单边带系统相同。在 QAM 方式中，基带信号可以是二电平的，也可以是多电平的，当为多电平时，就构成多进制正交振幅调制。

正交振幅调制信号产生和解调原理如图 6 - 22 所示。输入数据序列经串/并变换得 A、B 两路信号，分别通过低通滤波器形成 $S_1(t)$ 和 $S_2(t)$ 两路独立的基带波形，它们都是无直流分量的双极性基带脉冲序列。

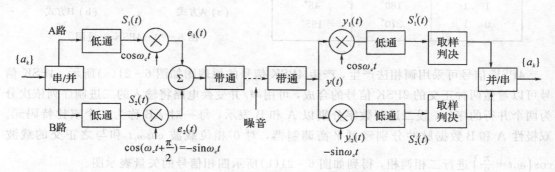

图 6 - 22　正交振幅调制信号产生和解调原理

A 路的基带信号 $S_1(t)$ 与载波 $\cos\omega_c t$ 相乘,形成抑制载波的双边带调幅信号

$$e_1(t) = S_1(t)\cos\omega_c t \tag{6-11}$$

B 路的基带信号 $S_2(t)$ 与载波 $\cos\left(\omega_c t + \dfrac{\pi}{2}\right) = -\sin\omega_c t$ 相乘,形成另一路抑制载波的双边带调幅信号

$$e_2(t) = -S_2(t)\sin\omega_c t \tag{6-12}$$

于是两路合成的输出信号为

$$e(t) = e_1(t) + e_2(t) = S_1(t)\cos\omega_c t - S_2(t)\sin\omega_c t \tag{6-13}$$

由于 A 路的调制载波与 B 路的调制载波相位差 90°,所以形成两路正交的频谱,故称为正交调幅。这种调制方法的 A、B 两路都是双边带调制,但两路信号同处于一个频段之中,所以可同时传输两路信号,因此,双边带比单边带增加一倍带宽,可以传送两路信号,故频带利用率是双边带调制的两倍,即与单边带方式或基带传输方式的频带利用率相同,并且对发送滤波器没有特殊的要求。

正交振幅调制信号的解调必须采用相干解调方法,解调原理如图 6-22 右半部分所示。

假定相干载波与信号载波完全同频同相,且假设信道无失真、带宽不限、无噪声,认为接收信号 $r(t) = e(t)$,则两个解调乘法器的输出分别为

$$S_1'(t) = [S_1(t)\cos\omega_c t - S_2(t)\sin\omega_c t]\cos\omega_c t$$

$$= \frac{1}{2}S_1(t) + \frac{1}{2}[S_1(t)\cos 2\omega_c t - S_2(t)\sin 2\omega_c t] \tag{6-14}$$

$$S_2'(t) = -[S_1(t)\cos\omega_c t - S_2(t)\sin\omega_c t]\sin\omega_c t$$

$$= \frac{1}{2}S_2(t) - \frac{1}{2}[S_1(t)\sin 2\omega_c t + S_2(t)\cos 2\omega_c t] \tag{6-15}$$

可见,在 $S_1'(t)$、$S_2'(t)$ 表示式中,分别只有第一项为原来的基带信号,其余均为 $2\omega_c$ 的调制产物。所以,分别用低通滤波器滤除高次谐波分量,将基带信号 $S_1'(t)$ 和 $S_2'(t)$ 滤出,以实现正确区分两路信号。上、下两个支路的输出信号分别为

$$S_1'(t) = \frac{1}{2}S_1(t) \tag{6-16}$$

$$S_2'(t) = \frac{1}{2}S_2(t) \tag{6-17}$$

经判决合成后即为原数据序列。这样,就可以实现无失真的波形传输。

2. 星座表示法

图 6-23(a)所示是用矢量表示 QAM 信号,如果只画出矢量端点,则如图 6-23(b)所示,称为 QAM 的星座表示。如星座图上有 4 个星点,则称为 4QAM。这种以矢量端点来表示信号,如同天空中的星星的方法称为星座。

从星座图上很容易看出:A 路的"1"码在星座图的右侧,"0"码在左侧;而 B 路的"1"码在上侧,"0"码在下侧。星座图上各信号点之间的距离越大,抗误码能力越强。

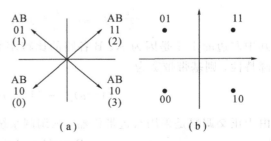

图 6-23 正交调幅信号矢量和星座表示

上面讨论的 4QAM 方式是 A、B 各路传送二电平码的情况。如果采用二路四电平码送

到 A、B 调制器，就能更进一步提高频谱利用率。由于采用四电平基带信号，因此，每路在星座上有 4 个点，于是 4×4＝16，组成 16 个点的星座图，如图 6-24 所示。这种正交调幅称为 16QAM。

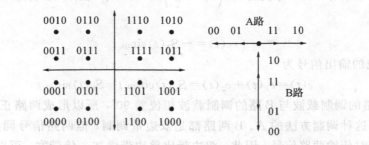

图 6-24 16QAM 星座图

同理，将二路八电平码送到 A、B 调制器，可得 64 点星座图，称为 64QAM，更进一步还有 128QAM、256QAM 等。正如前面所说，星座图上的点数越多，频带利用率越高，但抗干扰能力越差。这就要根据对通信的要求、信道的噪声特性做具体的设计。QAM 方式的主要特点是有较高的频谱利用率。

3. 正交调幅信号的功率谱密度和频谱利用率

正交调幅是将两路双边带信号合在一起。如果两路随机信号是相互独立的，那么正交调幅信号的功率密度谱就是 A 路与 B 路的相加，而且都处于相同的频段之中。

现在来分析 MQAM 的频谱利用率，这里 M 为星点数。设输入数据的比特率，即 A 和 B 两路的总比特率为 f_b，信道带宽为 B，则频谱利用率为

$$\eta = \frac{f_b}{B} \quad (\text{bit/s})/\text{Hz} \qquad (6-18)$$

由前述讨论可知，对 MQAM 系统，A、B 各路基带信号的电平数应是 $M^{\frac{1}{2}}$，如 4QAM，每路的基带信号是二电平；而 16QAM，每路的基带信号是四电平。按多电平传输分析，A 路和 B 路每个符号（码元）含有的比特数应为 $\text{lb}M^{\frac{1}{2}} = \frac{1}{2}\text{lb}M$。如令 $k=\text{lb}M$，则 $\frac{1}{2}\text{lb}M = \frac{1}{2}k$，即每个码元的比特数是 $k/2$。设符号间隔（即符号周期）为 $T_{k/2}=1/f_{s,k/2}$，$f_{s,k/2}$ 为符号（码元）速率（Bd）。因为总速率为 f_b，则 A、B 各路的比特率为 $f_b/2$。有

$$\frac{f_b}{2} = f_{s,k/2} \cdot \frac{k}{2} = f_{s,k/2} \cdot \text{lb}M^{\frac{1}{2}} = f_{s,k/2} \cdot \frac{1}{2}\text{lb}M \qquad (6-19)$$

其中左边的 1/2 是因为 A、B 各路的比特率为总比特率之半。如果基带形成滤波器采用滚降特性，则基带带宽为

$$(1+\alpha)f_N = (1+\alpha)\frac{1}{2T_{k/2}} = \frac{1+\alpha}{2} \cdot f_{s,k/2} \qquad (6-20)$$

由于正交调幅是采用双边带传输，则调制系统带宽应为基带的二倍，即

$$B = 2(1+\alpha)f_N = (1+\alpha)f_{s,k/2} \qquad (6-21)$$

将式(6-20)和式(6-21)进行整理，则有

$$\eta = \frac{\text{lb}M}{1+\alpha} \qquad (6-22)$$

可见 M 值越大,即星点数越多,其频谱利用率就越高,目前可以做到 $M=64$,甚至更高,故正交振幅调制方式一般应用于高速数据传输系统中。表 6-2 给出了几种 QAM 的频谱利用率。

表 6-2 几种 QAM 的频谱利用率

η \ α 类别	0.0	0.5	1.0
4QAM	2	1.33	1
16QAM	4	2.67	2
64QAM	6	4	3

6.4 操 作 训 练

6.4.1 ASK/FSK 调制解调实验

操作所需要的设备有 RZ9681 实验平台、主控模块、基带数据产生与码型变换模块 A2、信道编码与频带调制模块 A4、纠错译码与频带解调模块 A5、100M 双通道示波器、信号连接线。

通过操作训练,掌握 ASK/FSK 调制器的工作原理及性能测试方法,掌握 ASK/FSK 锁相解调器的工作原理及性能测试方法,通过仿真软件实现 ASK/FSK 调制、解调。

1. 实验框图

ASK 调制解调实验框图如图 6-25 所示,FSK 调制解调实验框图如图 6-26 所示。

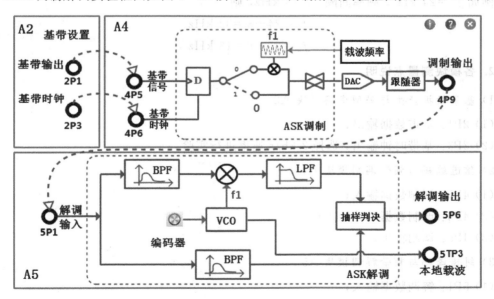

图 6-25 ASK 调制解调实验框图

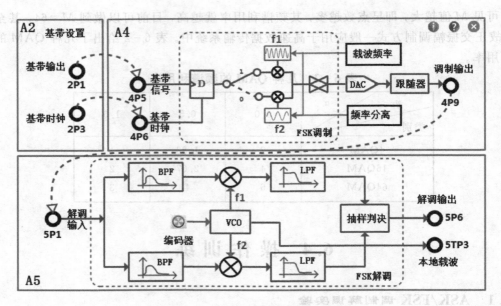

图 6-26　FSK 调制解调实验框图

A2 模块产生 2 kb/s 的基带速率，送给 ASK/FSK 调制单元进行调制，调制载波频率可以通过框图中的"载波频率"按钮进行修改。

ASK 调制解调时，仅可以修改一路载波的频率 f_1。

FSK 调制解调时，可以修改载波频率 f_0 和频率间隔 f_Δ。两路载波频率分别为：

$$f_1 = f_0 + f_\Delta$$
$$f_2 = f_0 - f_\Delta$$

例如 $f_0 = 24$ kHz，频率间隔 $f_\Delta = 8$ kHz，则

$$f_1 = 24 + 8 = 32 \text{ kHz}$$
$$f_2 = 24 - 8 = 16 \text{ kHz}$$

2. 各模块测量点说明

1）基带数据产生与码型变换模块 A2

（1）2P1：基带数据输出；

（2）2P3：基带时钟输出，选择 2 kb/s 速率进行实验。

2）信道编码与频带调制模块 A4

（1）4P5：调制数据输入；

（2）4P6：调制数据时钟输入；

（3）4P9：调制输出。

3）纠错译码与频带解调模块 A5

（1）5P1：解调数据输入；

（2）5P6：解调数据输出；

（3）5TP3：本地载波输出。

注：通过液晶显示屏选定实验内容后，模块对应的状态指示即已确定，这时不要按模块右下角的编码开关，如果因按编码开关改变了工作状态，可以退出流程图后重新进入。

3. 实验内容及步骤

1）实验准备

（1）实验模块在位检查。

在关闭系统电源的情况下，确认基带数据产生与码型变换模块 A2、信道编码与频带调制模块 A4、纠错译码与频带解调模块 A5 在位。

（2）加电。

打开系统电源开关，通过液晶显示和模块运行指示灯状态，观察实验箱加电是否正常。若加电状态不正常，请立即关闭电源，查找异常原因。

（3）连接信号线。

使用信号连接线按照实验框图中的连线方式进行连接，并理解每个连线的含义。

（4）选择实验内容。

在液晶显示屏上根据功能菜单选择：实验项目→原理实验→数字调制解调→ASK 调制解调，进入到 ASK 调制解调实验功能页面。

2）ASK 调制解调观测

（1）设置及观测基带数据。

使用双通道示波器分别观察 2P1 和 2P3，使用鼠标单击"基带设置"按钮，设置基带速率为"15-PN"、2 kb/s，单击"设置"进行修改。观察示波器波形的变化，理解并掌握基带数据设置的基本方法。

（2）观测 ASK 调制信号。

在 ASK 实验内容页面，示波器一个通道测基带信号 2P1，并用基带信号作示波器同步源；用示波器另一个通道观测 4P9 调制信号，观测并记录 ASK 调制信号特性。

（3）修改 ASK 载波频率。

鼠标单击"载波频率"，尝试修改 ASK 调制的载波频率，观察调制波形的变化。结束该步骤时，将载波频率修改为 32 kHz。

（4）观测 ASK 解调信号。

用示波器同时观测 2P1 和 5P6，通过转动解调部分 5SS1 编码器，调节本地同步载波频率，直到解调出正确数据。

（5）测量 ASK 同步载波带宽。

修改 ASK 调制载波频率（逐渐增大或减小），逐渐调整解调端同步载波频率，观察解调端是否能解调出正确的数据。多次重复该步骤，通过测量，分析解调端同步载波捕捉带宽。

3）FSK 调制解调观测

（1）观察 FSK 两个载波信号。

鼠标单击"基带设置"按钮，基带数据选择"16 bit"、"2K"，然后分别设置成全"1"和全"0"码，用示波器观测 4P9，读出信号频率；调整"载波频率"f_0 为 24 kHz，"频率分离"$f_\triangle$ 为 8 kHz，再观测 4P9 载波信号。

（2）在时域上观测 FSK 调制信号。

在上述步骤的基础上，改变基带信号（随机码或 16 位设置数据，速率 2 kb/s），示波器一个通道测基带信号 2P1，并用基带信号作示波器同步源；用示波器另一个通道观测研究 4P9 调制信号，分析 FSK 调制信号特性。

（3）在频域上观测 FSK 调制信号。

修改"基带设置"为"15 - PN"、2 kb/s。采用频谱仪或示波器的 FFT 功能，观测分析 4P9 的频谱特性。调整"载波频率"f_0 和"频率分离"f_Δ，观察频谱特性的变化。

（4）观测 FSK 解调信号。

用示波器一个通道测 4P5（作同步源），用另一个通道测解调信号 5P6，左右旋转模块右下角的编码开关，调整解调端载波频率，使 5P6 的信号和 4P5 的信号基本一致，即实现 FSK（ASK）解调。

（5）修改基带速率与 FSK 调制带宽。

改变基带信号速率为 4 kb/s 或 8 kb/s，按以上实验步骤，观测 FSK 能否解调。

4）实验结束

实验结束，关闭电源，拆除信号连线，并按要求放置好实验附件和实验模块。

4. 实验报告要求

（1）画出 ASK、FSK 各主要测试点的波形。

（2）用示波器 FFT 功能观测 ASK 和 FSK 信号频谱，改变 FSK 中心频率和频偏，研究频谱特性。

（3）分析 FSK 输出数字基带信号序列与发送数字基带信号序列相比是否产生延迟，这种解调方式在什么情况下会出现解调输出的数字基带信号序列反向的问题？

（4）当 FSK 载频分别为 32 kHz 和 16 kHz 时，FSK 能准确解调的基带信号速率是多少？为什么？

6.4.2 PSK/DPSK 调制解调实验

操作所需要的设备有 RZ9681 实验平台、主控模块、基带数据产生与码型变换模块 A2、信道编码与频带调制模块 A4、纠错译码与频带解调模块 A5、100M 双通道示波器、信号连接线。

通过操作训练，掌握 PSK/DPSK 调制解调的工作原理及性能要求，能进行 PSK/DPSK 调制、解调实验，掌握相干解调原理和载波同步方法，理解 PSK 相位模糊的成因及 DSPK 实现方法。

1. 实验框图

PSK 调制解调实验框图如图 6 - 27 所示。

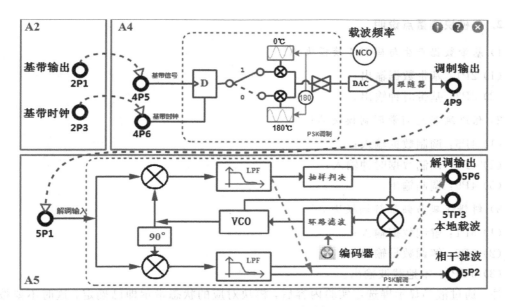

图 6-27　PSK 调制解调实验框图

DPSK 调制解调实验框图如图 6-28 所示。

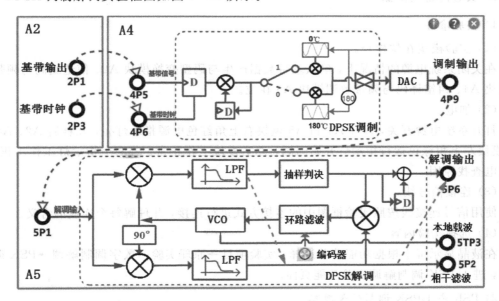

图 6-28　DPSK 调制解调实验图

　　图 6-27 和图 6-28 中，"基带设置"用于改变调制数据；"载波频率"用于改变 PSK 调制的载波频率，默认 $f_c=1024$ kHz；旋转频率度盘可以改变载波频率。

　　解调输出选择：PSK 科斯塔斯特环中只有 PSK 和本地载波同相或反相的那路才能解出基带数据，正交的那路不能解出基带数据，实验时我们可以用鼠标单击环路左侧的两个乘号选择进入抽样判决电路的信号。

　　相位模糊观测：鼠标单击"VCO"按钮，相干载波会反相，输出数据也会反相。

2. 各模块测量点说明

1) 基带数据产生与码型变换模块 A2

（1）2P1：基带数据输出；

（2）2P3：基带时钟输出。

2) 信道编码与频带调制模块 A4

（1）4P5：调制数据输入；

（2）4P6：调制数据时钟输入；

（3）4P9：调制输出。

3) 纠错译码与频带解调模块 A5

（1）5P1：解调数据输入；

（2）5P6：解调数据输出；

（3）5TP3：本地载波输出。

注：通过液晶显示屏选定实验内容后，模块对应的状态指示即已确定，这时不要按模块右下角的编码开关，如果因按编码开关改变了工作状态，可以退出流程图后重新进入。

3. 实验内容及步骤

1) 实验准备

（1）实验模块在位检查。

在关闭系统电源的情况下，确认基带数据产生与码型变换模块 A2、信道编码与频带调制模块 A4、纠错译码与频带解调模块 A5 在位。

（2）加电。

打开系统电源开关，A2、A4 和 A5 模块右上角红色电源指示灯亮，几秒后 A2、A4 和 A5 模块左上角绿色运行指示灯开始闪烁，说明模块工作正常。若两个指示灯工作不正常，需关电查找原因。

（3）连接信号线。

使用信号连接线按照实验框图中的连接方式进行连接，并理解每个连线的含义。

（4）选择实验内容。

在液晶显示屏上根据功能菜单选择：实验项目→原理实验→数字调制解调→PSK 调制解调，进入 PSK 调制解调实验功能页面。

2) PSK 或 DPSK 调制信号观察

设置基带数据为随机码或设置数据，用示波器一个通道观测基带数据 4P5，用 4P5 信号作同步；用另一个通道观测 PSK 调制信号 4P9。研究 PSK 或 DSPK 载波相位和基带的对应关系。

3) PSK 解调

用示波器一个通道观测基带数据 4P5，用 4P5 信号作同步；另一个通道观测 PSK 解调信号 5P6，左右旋转模块右下角的编码开关，使 5P6 的信号和 4P5 的信号基本一致，即实现 PSK(DPSK)解调。

如果旋转编码开关不起作用，可切换相干解调的另一路作为解调输出。

判决信号观察：用示波器一个通道观测基带数据 4P5，用 4P5 信号作同步；用另一个通道观测 5P2，左右旋转模块右下角编码开关，使 5P2 的信号最清晰；这时用观测 5P2 的通道测 5P6，看解调输出是否正常。

4）PSK 相位模糊观察

PSK 解调时，如果本地载波和调制信号反相，则输出的基带数据也会反相，这就是相位模糊。实验时我们用示波器一个通道观测基带数据 4P5，用 4P5 信号作同步；用另一个通道观测 5P6，正常解调时观察两个通道信号是否反相，如果反相说明有相位模糊，可通过改变载波相位消除相位模糊。

5）DPSK 调制解调

采用 DPSK 调制解调时，输入的基带数据首先进行相对码转换，解调完后再转成绝对码，实验方法同 2）和 3），单击"VCO"按钮，观测 5P6 和 4P5 相位关系。

6）DPSK 信道误码测试

PSK 信道误码测试时，单击图 6 - 28 右上角"i"图标，系统可调出误码仪功能，如图 6 - 29 所示。选择误码仪，设置码型、速率等，将 5P6 解调数据输出到 2P8 误码数据输入，启动误码测试。

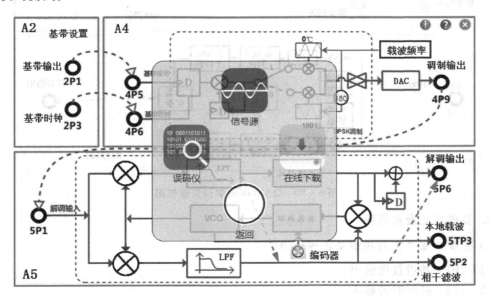

图 6 - 29　DPSK 信道误码测试

7）实验结束

实验结束，关闭电源，拆除信号连线，并按要求放置好实验附件和实验模块。

4. 实验报告要求

定性画出 PSK、DPSK 各主要测试点的波形。

6.4.3 QAM 调制解调实验

操作所需要的设备有 RZ9681 实验平台、主控模块、基带数据产生与码型变换模块 A2、信道编码与频带调制模块 A4、信源译码与解复用模块 A6、100M 双通道示波器、信号连接线。

通过操作训练，掌握 QAM 调制和解调的基本原理，掌握 QAM 调制和解调过程及对应的波形。

1. 实验框图

QAM 调制解调实验框图如图 6-30 所示。图中，"基带设置"用于改变调制数据，"载波频率"用于改变 QAM 调制的载波频率，缺省 $f_c = 128$ kHz；旋转频率度盘可以改变载波频率。

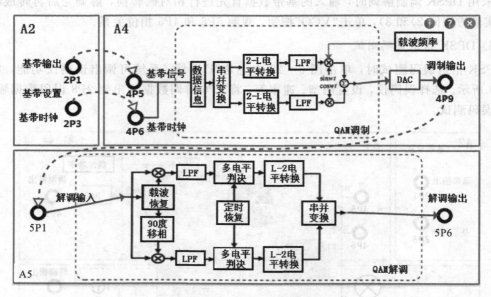

图 6-30 QAM 调制解调实验框图

2. 各模块测量点说明

1）基带数据产生与码型变换模块 A2

（1）2P1：基带数据输出；

（2）2P3：基带时钟输出。

2）信道编码与频带调制模块 A4

（1）4P5：调制数据输入；

（2）4P6：调制数据时钟输入；

（3）4P9：调制输出。

3）纠错译码与频带解调模块 A5

（1）5P1：解调信号输入；

（2）5P6：解调数据输出。

3. 实验内容及步骤

1）实验准备

（1）实验模块在位检查。

在关闭系统电源的情况下，确认基带数据产生与码型变换模块 A2、信道编码与频带调制模块 A4、纠错译码与频带解调模块 A5 在位。

（2）加电。

打开系统电源开关，A2、A4、A5 模块右上角红色电源指示灯亮，几秒后 A2、A4、A5 模块左上角绿色运行指示灯开始闪烁，说明模块工作正常。若两个指示灯工作不正常，需关电查找原因。

（3）连接信号线。

使用信号连接线按照实验框图中的连接方式进行连接，并理解每个连线的含义。

（4）选择实验内容。

用鼠标在液晶显示屏上选择"数字调制解调实验"中的"QAM 调制解调"实验。

2）16QAM 调制信号观察

用示波器一个通道观测基带数据 4P5，并用该通道作同步；用另一个通道观测 4P9。在示波器上观测 QAM 信号幅度变化。

3）实验结束

实验结束，关闭电源，拆除信号连线，并按要求放置好实验附件和实验模块。

4. 实验报告要求

（1）简述 QAM 调制的工作原理。

（2）根据实验测试记录，画出调制解调器各测量点的信号波形，并给以必要的说明（波形、频率、相位、幅度以及时间对应关系等）。

本 章 小 结

数字调制与解调是数字通信系统的基本组成部分，数字信号若要在模拟信道中传输必须进行调制。二进制数字调制有三种基本形式，即幅移键控（ASK）、频移键控（FSK）和相移键控（PSK）。本章首先介绍了这三种方式的调制解调原理及相应信号的功率谱。

幅移键控就是用数字基带信号去控制载波的幅度变化，2ASK 信号可由乘法器产生，其解调可采用相干解调和非相干解调（包络检波）两种方法。2ASK 信号的频谱由载频分量及上下边频分量组成，其带宽是数字基带信号带宽的两倍。

频移键控就是利用不同频率的载波来传送数字信号，2FSK 信号的产生有直接调频法和键控法，解调有相干解调和非相干解调，而过零点检测法是一种常用而简便的解调方法。2FSK 信号频带较宽，频带利用率比 2ASK 信号低，一般在低速数据传输系统中使用。

相移键控就是用同一个载波的不同相位来传送数字信号，相移键控分为绝对相移和相对相移两种。2PSK 信号的产生有直接调相法和相位选择法，其频谱中没有载频分量，带宽与 2ASK 信号相同，也为数字基带信号带宽的两倍。2PSK 信号的解调只能采用相干解调。因为 2PSK 系统通常用载波 0 相位来代表基带信号的"1"码，用载波 π 相位来代表基带信号的"0"码，所以实际应用时均采用 2DPSK 系统。2DPSK 信号的产生、解调方法、功率谱结构及带宽均与 2PSK 相同，但输入输出信号都要完成绝对码到相对码和相对码到绝对码的转换。2DPSK 信号的解调还可采用相位比较法（差分相干解调法）。

为了提高通信系统信息传输速率（或频带利用率），常采用多进制数字调制及改进型数字调制技术。

多进制数字调制与二进制数字调制相同，分为多进制幅移键控（MASK）、多进制频移键控（MFSK）及多进制相移键控（MPSK）。

除了以上的二进制及多进制数字调制系统外，最后介绍了正交振幅调制（QAM），QAM 是一种对载波的振幅和相位同时进行调制的方式，通常有 4QAM、16QAM、64QAM 等。

课 后 练 习

一、填空题

1. 按照输入调制信号的不同，调制可分为（　　）调制和（　　）调制。

2. 根据调制载波参量的不同，模拟调制可分为（　　）、（　　）和（　　）。

3. 二进制绝对相移键控（2PSK）中信息"0"和"1"分别对应载波的两个不同初始相位，通常这两个相位相隔（　　）。

4. 以相邻前一码元的已调载波相位作为基准，利用载波相位的相对变化来传递数字信息，这种调制方式为（　　）。

二、选择题

1. 三种数字调制方式之间，其已调信号占用频带的大小关系为（　　）。

A. 2ASK＝2PSK＝2FSK　　　　　　B. 2ASK＝2PSK＞2FSK

C. 2FSK＞2PSK＝2ASK　　　　　　D. 2FSK＞2PSK＞2ASK

2. 在数字调制技术中，采用的进制数越高，则（　　）。

A. 抗干扰能力越强　　　　　　　　B. 占用的频带越宽

C. 频带利用率越高　　　　　　　　D. 实现越简单

3. 16QAM 属于（　　）调制方式。

A. 混合调制　　　　　　　　　　　B. 幅度调制

C. 频率调制　　　　　　　　　　　D. 相位调制

三、简答题

1. 设二进制信息码元为 011011110，试分别画出 2ASK、2FSK、2PSK 信号的波形图。

2. 已知基带数字信号为 1011001101，试分别画出下列两种情况下 2PSK 和 2DPSK 信号的波形。

(1) 数据信号为"1"时，相位为 0°；数据信号为"0"时，相位为 180°；

(2) 2DPSK 的初始相位为 0°，传数字信号"1"时，$\Delta\theta=0$；传数字信号"0"时，$\Delta\theta=\pi$。

3. 一正交调幅系统采用 MQAM 调制，所占频带为 600～3000 Hz，基带形成采用滚降系数为 1/3 的滤波器，假设数据信号比特率为 14 400 b/s。求：

(1) 调制速率；

(2) M 及每路电平数；

(3) 频带利用率为多少？

附录 英文缩写名词对照表

英文缩写	英文全称	中文释义
A/D	Analog/Digital	模拟/数字转换
ADPCM	Adaptive Differential Pulse Code Modulation	自适应差分脉冲编码调制
AM	Amplitude Modulation	振幅调制
AMI	Alternate Mark Inversion	交替传号反转
ARQ	Automatic Repeat Request	自动重发请求
ASK	Amplitude Shift Keying	幅移键控
BPF	Berkeley Packet Filter	带通滤波器
BPSK	Binary Phase Shift Keying	二进制相移键控
CCITT	International Telephone and Telegraph Consultative Committee	国际电报电话咨询委员会
CDM	Code Division Multiplexing	码分多路复用
CDMA	Code Division Multiple Access	码分多址
CRC	Cyclic Redundancy Check	循环冗余码校验
CVSD	Continuous Variable Slope Delta Modulation	连续可变斜率增量调制
D/A	Digital/Analog	数字/模拟转换
DM	Delta Modulation	增量调制
DPCM	Differential Pulse Code Modulation	差分脉冲编码调制
DPSK	Differential Phase Shift Keying	差分相移键控
FDM	Frequency Division Multiplexing	频分多路复用
FEC	Forward Error Correction	前向纠错
FM	Frequency Modulation	调频
FSK	Frequency Shift Keying	频移键控
HEC	Hybrid Error Correction	混合纠错
HDB3	High Density Bipolar 3	三阶高密度双极性码
IRQ	Interrupt Request	中断请求
LPF	Low Pass Filter	低通滤波器
MASK	Many Amplitude Shift Keying	多进制幅移键控
MF	Frequency Modulation	调频
MFSK	Many Frequency Shift Keying	多进制频移键控
MPSK	Many Phase Shift Keying	多进制相移键控
OQPSK	Offset Quadrature Phase Shift Keying	偏移四相相移键控
PAM	Pulse Amplitude Modulation	脉冲幅度调制
PCM	Pulse Code Modulation	脉冲编码调制

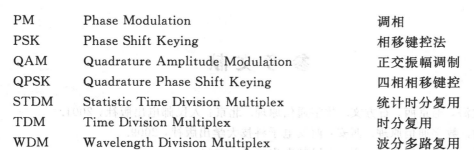

PM	Phase Modulation	调相
PSK	Phase Shift Keying	相移键控法
QAM	Quadrature Amplitude Modulation	正交振幅调制
QPSK	Quadrature Phase Shift Keying	四相相移键控
STDM	Statistic Time Division Multiplex	统计时分复用
TDM	Time Division Multiplex	时分复用
WDM	Wavelength Division Multiplex	波分多路复用

参 考 文 献

[1] 李文海，毛京丽，石方文. 数字通信原理. 北京：人民邮电出版社，2001.

[2] 江力. 数字通信原理. 西安：西安电子科技大学出版社，2009.

[3] 王维一. 通信原理. 北京：人民邮电出版社，2004.

[4] 徐文燕. 通信原理. 北京：北京邮电大学出版社，2008.

[5] 李世银，宋金玲. 数字通信原理. 北京：人民邮电出版社，2009.

[6] 沈振元. 通信系统原理. 西安：西安电子科技大学出版社，2004.

[7] 李斯伟，雷新生. 数据通信技术. 北京：人民邮电出版社，2007.

[8] 李白萍，吴冬梅. 通信原理与技术. 北京：人民邮电出版社，2003.

[9] 张树京. 通信系统原理. 北京：人民邮电出版社，1992.

[10] 曹志刚. 现代通信原理. 北京：清华大学出版社，2003.

[11] 原东昌，李晋炬. 通信原理与实验指导书. 北京：北京理工大学出版社，2000.

[12] 姜建国，曹建中，高五明. 信号与系统分析基础. 北京：清华大学出版社，1994.

[13] 现代通信原理实验指导书（RZ9681 型实验箱）. 南京润众科技有限公司.

[14] 通信原理实验指导书. 南京通信工程学院实验箱配套实验指导书.